FORSCHUNGSBERICHTE DES LANDES NORDRHEIN-WESTFALEN

Nr. 2417

Herausgegeben im Auftrage des Ministerpräsidenten Heinz Kühn
vom Minister für Wissenschaft und Forschung Johannes Rau

Prof. Dr.-Ing. Joachim Lünenschloß
Ing. Hans Külter
Ing. Burkhard Hoffmann

Institut für Textiltechnik
der Rhein.-Westf. Techn. Hochschule Aachen

Der Einfluß der Spindelexzentrizität auf das Fadenbruchverhalten und die Garneigenschaften

Springer Fachmedien Wiesbaden GmbH 1974

Ursprünglich erschienen bei Westdeutscher Verlag GmpH, Opladen 1974
Gesamtherstellung: Westdeutscher Verlag

ISBN 978-3-531-02417-2 ISBN 978-3-663-06800-6 (eBook)
DOI 10.1007/978-3-663-06800-6

Inhalt

1. Einleitung

Die Endstufe des Spinnprozesses stellt heute und voraussichtlich in dem nächsten Jahrzehnt überwiegend die Ringspinnmaschine dar. Neue Technologien der Garnherstellung, wie z.B. das OE-Spinnen für die Kurzfaser- und Teppichgarnspinnerei sowie das Self-Twist-Spinnen für die Kammgarnspinnerei, befinden sich zur Zeit in unterschiedlichen Stadien der Einführung. Diese neuen Verfahren sind in den Anwendungsmöglichkeiten nach dem derzeitigen Stand der Technik begrenzt. Die Universalität der Ringspinnmaschine wird von ihnen vorerst nicht erreicht.

Die Problematik des Ringspinnens steht in einem engen Zusammenhang mit dem System: RING - LÄUFER - SPINDEL . Viele Arbeiten der letzten 25 Jahre beschäftigen sich mit dem Problem der Fadenbrüche und speziell mit den Ursachen der Fadenbrüche an der Ringspinnmaschine. Von diesen Arbeiten seien nur einige genannt [1 bis 7] . Den Verarbeiter interessieren neben dem Laufverhalten, d.h. den Fadenbrüchen, auch die Ursachen der teilweise großen Unterschiede in den Qualitätsmerkmalen, wie z.B. Festigkeit, Dehnung, Ungleichmäßigkeit, Haarigkeit, und in dem Auftreten von Fehlern der Garne an den verschiedenen Spinnstellen. J. Lünenschloß, H. Rottmayr und E. Hummel [8,9] berichteten über die Inhomogenität der Festigkeitskennwerte zwischen den Spinnstellen und über die starken Streuungen im Garnaussehen. Andere Arbeiten dieser Autoren [10,11] beschäftigen sich mit den Ursachen spinnstellenspezifischer Fehler, wobei das Auftreten fadenbruchbegünstigender Schmelzstellen bei Polyester-Mischgarnen in den Systembereich Ballon - Ring - Läufer - Spindel fällt.

Alle bisherigen Arbeiten lassen jedoch die Frage offen, inwieweit die Qualitätsmerkmale der Garne von der Spindelexzentrizität beeinflußt werden bzw. wie eng der Zusammenhang zwischen der Größe der Spindelexzentrizität, der Fadenbruchhäufigkeit beim Spinnen und den Garneigenschaften ist. Aus der Literatur sind nur wenige, zum Teil längere Zeit zurückliegende, Arbeiten bekannt, die sich mit diesen Fragestellungen beschäftigen [12,13] .

Die Kenntnis der in den Spinnereien anzutreffenden Spindelexzentrizitäten, ihrer Zusammenhänge mit dem Auftreten von Fadenbrüchen und ihres Einflusses auf die Garneigenschaften würde dem Maschinenhersteller und Spinner Möglichkeiten zur Reduzierung der Fadenbruchhäufigkeit und Qualitätsverbesserung der Garne erschließen. Im besonderen ließen sich Erkenntnisse darüber gewinnen, welche Genauigkeiten der Zentrierung erforderlich sind, um die Fadenbruchhäufigkeit und damit den Bedarf an Arbeitskräften zu senken,den Nutzeffekt in der Produktion und die Garnqualität zu verbessern, wobei hier besonders an eine Verringerung der Streuung zwischen den Cops zu denken ist.

Für die Maschinenhersteller ist diese Frage von wesentlicher Bedeutung, da ihre Untersuchung ihnen Aufschluß über den notwendigen konstruktiven Aufwand für die Halterung und Führung der Ringbänke geben würde. Die gewonnenen Informationen lassen sich so unmittelbar bei der Herstellung und Montage der Ringspinnmaschine nutzbringend verwenden. Ebenfalls dürften die Ergebnisse für die Spindel-, Ring- und Ringläufer-Hersteller von Interesse und Nutzen sein.

Mit der Bearbeitung dieses Problemkreises bringt das Institut für Textiltechnik der RWTH Aachen einen Beitrag zur Klärung der aufgeworfenen Fragen.

2. Die Ermittlung der Spindelexzentrizität

Durch umfangreiche Untersuchungen des Ist-Zustandes verschiedener Kurzfaser- und Kammgarnspinnereien wurde an einer größeren Anzahl unterschiedlicher Ringspinnmaschinen ein Bild der vorhandenen Spindelexzentrizitäten und ihrer Häufigkeiten gewonnen. Die Tabelle I gibt einen Überblick über die in einer Baumwollspinnerei (Kurzfaserspinnerei) und mehreren Kammgarnspinnereien untersuchten Ringspinnmaschinen. Gemessen wurden jeweils die Spindeln einer Ringspinnmaschinenseite nach vorheriger Numerierung der Spinnstellen und Entfernung der Ringläufer, Trennbleche und Balloneinengungsringe.

2.1 Die Messung mit Hilfe eines Spindelzentriergerätes

Die Messungen wurden mit dem elektronisch arbeitenden RES-Spindelzentriergerät SC 4oo der Firma RES Renate & Ernst Schweizer-Blättler, Uerikon/Schweiz, von dem die Abb. 1 eine Ansicht vermittelt, im unteren und oberen Teil der Spindel (Abb. 2) durchgeführt. Diese zweifache Messung ermöglicht die Ermittlung der Spindelneigung, die Errechnung der Exzentrizität im Mittelteil der Spindel sowie der mittleren Spindelexzentrizität über die Spindelhöhe (Spindellänge). Der Meßaufnehmer des Spindelzentriergerätes arbeitet berührungsfrei nach induktivem Prinzip. Das Gerät gestattet die Bestimmung der relativen Lage von Spindel und Ring sowohl bei stillstehender als auch bei rotierender Spindel. Die Messungen erfolgten den praktischen Bedingungen entsprechend bei laufender Spindel, wobei jedoch die Ringbank- bzw. Spindelbankbewegung abgestellt war. Im Vergleich zur visuellen Zentrierung mit Hilfe der üblichen Zentrierringe sind die mit dem verwendeten Zentriergerät erhaltenen Resultate wesentlich genauer und besitzen den Vorteil objektiver zahlenmäßiger Darstellbarkeit.

Auf der Frontplatte des Meßverstärkers ist der Grundriß eines Spinnringes schematisch aufgezeichnet (Abb. 1). Darüber und daneben sind zwei Instrumente angebracht, auf denen sich die Abweichung der Spindel von der Ringmitte für die x- und y-Richtung ablesen läßt. Das horizontal angeordnete Instrument zeigt die Abweichungen nach rechts (+) und nach links (-) von der Ringmitte in Längsachse der Ringspinnmaschine an. Das vertikal angeordnete Instrument gibt die Abweichungen in Querrichtung zur Ringspinnmaschine an, und zwar nach oben (+), wenn die Spindel einwärts, und nach unten (-), wenn die Spindel auswärts versetzt ist. Das Gerät besitzt zwei Meßbereiche, $\pm$o,5 mm und $\pm$1,25 mm. Eine Exzenterlehre gestattet die Eichung des Gerätes. Zur Messung der Spindelexzentrizität wird eine außen zylindrisch ausgebildete, stählerne Zentrierhülse auf die Spindel aufgesteckt, die den Einfluß der konischen Spindel aufhebt und gleiche Meßgenauigkeit über die gesamte Spindelhöhe gewährleistet.

Der Meßaufnehmer enthält in dem ringförmigen Gehäuse vier um jeweils 9o^{o} versetzte Meßköpfe, von denen die jeweils gegenüberliegenden paarweise zusammengeschaltet sind. Die ringförmig ausgebildete Unterseite des Meßaufnehmers (Zentrierring) ist austauschbar, so daß der gleiche Meßaufnehmer für verschiedene Ringdurchmesser verwendet werden kann. Als elastisches Verbindungsglied zwischen dem Zentrierring und dem Spinnring dient ein "O-Ring" aus synthetischem Kautschuk. Dieser "O-Ring" verhindert die Beschädigung der Ringlaufbahn und gleicht die Durchmessertoleranzen der Spinnringe aus. Ihre ausgleichende Funktion kann dadurch verstärkt werden, daß man "O-Ringe" mit unterschiedlichem Durchmesser wählt, die entsprechend der Vorspannung ihren Querschnitt zu ändern vermögen.

Im Meßverstärker befindet sich die Elektronik für die Demodulation der Meßsignale in x- und y-Richtung.

2.2 Die Definition der Spindelexzentrizität

Die Definition der Spindelexzentrizität geht aus der Abb. 3 hervor. Jede Messung ergibt zwei Meßwerte, x und y, welche die Abweichung der Spindel von der Ringmitte für die beiden Richtungen angeben. Die Vorzeichen (+) und (-) geben Auskunft darüber, in welchem Quadranten des Kreises (Spinnring) sich die Spindel befindet. Die Spindelexzentrizität r errechnet sich nach der Gleichung

$$r = \sqrt{x^2 + y^2} \qquad (1)$$

und gibt die Abweichung der Spindel von der Ringmitte an. Die Ringbankstellung zur Spindel während der Messung ist durch Indices "unten", "Mitte", "oben" gekennzeichnet, d.h.

$r_{\text{"unten"}}$ für eine untere,
$r_{\text{"Mitte"}}$ für eine mittlere und
$r_{\text{"oben"}}$ für eine obere Ringbankstellung.

Die Werte für $r_{\text{"unten"}}$ und $r_{\text{"oben"}}$ sind dabei gemessen, während die Werte für $r_{\text{"Mitte"}}$ errechnet wurden. Diese Werte werden bei den weiteren Untersuchungen der Zusammenhänge zwischen den Garneigenschaften und der Spindelexzentrizität verwendet.

Errechnet wurden auch die Werte für eine mittlere Spindelexzentrizität $\bar{r}$ über der Spindelhöhe. Die mittlere Spindelexzentrizität $\bar{r}$ wird zur Veranschaulichung der Zusammenhänge zwischen der Fadenbruchhäufigkeit und der Spindelexzentrizität benutzt.

Darüber hinaus wurde, wie im folgenden noch behandelt, der Zentralwert der Spindelexzentrizität $\tilde{r}_{RM}$ aller Spindeln einer Ringspinnmaschinenseite ermittelt.

2.3 Ergebnisse (Ist-Zustand der Spindelexzentrizität)

Die umfangreichen Untersuchungen der Spindelexzentrizitäten in verschiedenen Spinnereibetrieben und die hieraus gewonnenen Häufigkeitsverteilungen der Spindelexzentrizität sollen als Bestandsaufnahmen einerseits einen Überblick über die in der Industrie anzutreffenden Spindelexzentrizitäten geben, die Untersuchung der Zusammenhänge mit den spindelbezogenen Fadenbrüchen ermöglichen und weiterhin die Spannweite der auf einem Spinntester durchzuführenden Modellversuche festlegen.

Wie der Tabelle I zu entnehmen ist, standen für die Untersuchungen zwölf Ringspinnmaschinen - gemessen wurde jeweils nur eine Maschinenseite - zur Verfügung, davon sechs Baumwoll-Ringspinnmaschinen (B, drei verschiedene Fabrikate - R, W, Z) und sechs Kammgarn-Ringspinnmaschinen (K, drei verschiedene Fabrikate - Z, S, H). Die Spindeln von drei Ringspinnmaschinen des Fabrikates Z wurden nach erfolgter Messung vom Maschinenhersteller optimal "zentriert" und anschließend erneut die Exzentrizität ermittelt. Es ergaben sich somit insgesamt 15 Versuchsreihen.
Die Tabelle I beinhaltet weitere Daten, wie Maschinen-Baujahr, Datum der letzten Zentrierung, Anzahl der Spindeln, Teilung, Spindelantrieb und Spinnring-Bezeichnung.

In der Abb. 4 (Baumwoll-Ringspinnmaschinen) und in der Abb. 5 (Kammgarn-Ringspinnmaschinen) sind die relativen Häufigkeiten h der Spindelexzentrizität r aufgetragen. Die Klassenbreite der Spindelexzentrizität beträgt o,2 mm. Die

Abb. 6 bis 8 (Baumwoll-Ringspinnmaschinen) und die Abb. 9 bis 11 (Kammgarn-Ringspinnmaschinen) enthalten die Darstellungen der relativen Summenhäufigkeiten H der Spindelexzentrizität r. Die Darstellung der relativen Summenhäufigkeit erfolgte im Wahrscheinlichkeitsnetz [14, 15]. Sowohl die Häufigkeits- als auch die Summenhäufigkeitslinien sind für die Ringbankstellungen "unten" bzw. "oben" wiedergegeben.

Die Grenze der meßbaren Spindelexzentrizität (begrenzt durch die Auslegung des Meßgerätes) lag bei rd. 1,4 mm. In einigen Fällen lagen Spindeln mit größerer Exzentrizität vor (im Maximalfall rd. 16 %). Die Häufigkeits- und Summenhäufigkeitslinien mußten hier bei r = 1,4 mm abgebrochen werden, jedoch sind die Häufigkeiten h für die Spindeln, deren Exzentrizität $>$ 1,4 mm ist, jeweils am rechten Rand der Darstellungen als Einzelpunkte mit eingezeichnet. Zu beachten ist, daß die Zahlenwerte der Ordinate für diese Einzelpunkte nicht zutreffen.

Die Abbildungen ermöglichen das Ablesen der relativen Häufigkeit h bzw. der relativen Summenhäufigkeit H für bestimmte Spindelexzentrizitäten. Außerdem gestatten sie den Vergleich der Exzentrizität vor und nach einer Nachzentrierung. Deutlich sichtbar wird der Erfolg der Zentrierungsmaßnahmen durch den Maschinenhersteller bei den Maschinen B5, K2 und K6 (gestrichelte Kurven).

Aus den Darstellungen der Summenhäufigkeit H wurden die Zentralwerte der Spindelexzentrizität $\tilde{r}_{RM}$ für eine Ringspinnmaschinenseite bei dem Ordinatenwert 5o % abgelesen und in Abb.12, nach Baumwoll- und Kammgarn-Ringspinnmaschinen getrennt, eingezeichnet. Sie erstrecken sich in der Baumwollspinnerei von o,28 mm bis o,54 mm und in den Kammgarnspinnereien von o,48 mm bis 1,17 mm. Durch die erfolgten Nachzentrierungen werden die Werte - zum Teil erheblich - verbessert.

Bedingt durch die positiv schiefe, linksgipfelige Verteilung, die durch die untere, nicht unterschreitbare Grenze = Null verursacht wird, gibt der Zentralwert ein zutreffenderes Bild über die Durchschnitts-Exzentrizität der Spindeln einer Ringspinnmaschinenseite, als es das arithmetische Mittel vermag. Der Zentralwert halbiert die Verteilung anzahlmäßig und ist im Gegensatz zum arithmetischen Mittel von Extremwerten unbeeinflußt [16].

Wie bereits erwähnt, geht aus den gemessenen Werten für die Ringbankstellung "unten" und "oben" die Spindelneigung hervor. Der Abstand zwischen der unteren und oberen Ringbankstellung betrug im Durchschnitt rd. 18o mm. Anhand der Abb. 13 soll der Verlauf der Spindelexzentrizität über der Spindelhöhe für einige typische Spindelstellungen behandelt werden. Die in der Praxis auftretenden Fälle lassen sich in drei Gruppen aufteilen:

1. nicht oder gering geneigte Spindeln
   mit geringer bis großer Exzentrizität
   über die gesamte Spindelhöhe (Fig. a)

   $\bar{r} \approx r_{\text{"unten"}}, r_{\text{"Mitte"}}, r_{\text{"oben"}}$

2. stark geneigte Spindeln
   mit größerer Exzentrizität "unten"
   oder "oben" (Fig. b)

   $\bar{r} \approx r_{\text{"Mitte"}}$, jedoch $\neq r_{\text{"unten"}}, r_{\text{"oben"}}$

3. stark geneigte Spindeln
   mit größerer Exzentrizität "unten"
   und "oben" (Fig. c)

   $\bar{r} \neq r_{\text{"unten"}}, r_{\text{"Mitte"}}, r_{\text{"oben"}}$

3. Fadenbruchverhalten, Ringläuferverschleiß und Garneigenschaften in Abhängigkeit von der Spindelexzentrizität

Unmittelbar im Anschluß an die Exzentrizitätsmessungen wurden an verschiedenen untersuchten Ringspinnmaschinen Fadenbruchzählungen durchgeführt, die der Ermittlung der Zusammenhänge zwischen den Spindelexzentrizitäten, den spindelbezogenen Fadenbruchhäufigkeiten, dem Ringläuferverschleiß und den Garneigenschaften dienten.
Die Tabelle II enthält, getrennt nach Baumwoll- und Kammgarnspinnereien, die wesentlichen spinntechnischen Daten. Sie gibt weiterhin Auskunft darüber, welche Maschinen für die Fadenbruchzählungen und Ringläuferverschleißbestimmungen benutzt und an welchen die Garneigenschaften ermittelt wurden.

3.1 Das Fadenbruchverhalten

Wie der Tabelle IIa zu entnehmen ist, erfolgten die Fadenbruchzählungen in der Baumwollspinnerei während der Herstellung eines kardierten (Maschine B5) und eines gekämmten (Maschine B6) Baumwollgarnes. Es war ursprünglich vorgesehen, gleichartige Fadenbruchuntersuchungen mit dem gleichen Vorgarn und unter unveränderten sonstigen Spinnbedingungen nach der Zentrierung der Maschine B5 durch den Hersteller vorzunehmen. Ein derartiger Versuch hätte einen unmittelbaren Vergleich der spindelbezogenen Fadenbruchhäufigkeitsverteilungen im schlecht und gut zentrierten Zustand gestattet. Betriebliche Umstellungen machten jedoch die Verwirklichung dieser Absichten unmöglich. Die Fadenbruchzählungen wurden so an der nachzentrierten Maschine B5 (W) für ein gekämmtes Baumwollgarn durchgeführt.
Aus der Tabelle IIb geht hervor, daß in den Kammgarnspinnereien Fadenbruchzählungen sowohl an reinen Wollgarnen als auch an Mischgarnen aus synthetischen Fasern und Wolle erfolgten. Auch hier schlossen betriebliche Umstellungen die

Wiederholung der Fadenbruchzählungen mit dem gleichen Vorgarnmaterial im Anschluß an die Nachzentrierung der Spindeln bei den Maschinen K2 und K6 aus. So entfällt auch für die Kammgarnspinnereien die direkte Vergleichsmöglichkeit der spindelbezogenen Fadenbruchhäufigkeitsverteilungen im schlecht und gut zentrierten Zustand.

In der Tabelle III (Teil a = Baumwollspinnerei, Teil b = Kammgarnspinnereien) sind die Ergebnisse der Fadenbruchzählungen aufgeführt. Die während des Spinnens festgestellte Fadenbruchanzahl f_g wurde sowohl auf die Anzahl der Spindelstunden (f_t) als auch auf die gesponnene Garnlänge (f_L) bezogen.
Die Fadenbruchzählungen wurden spindelbezogen jeweils über mehrere Abzüge durchgeführt. Die Aufnahmezeit betrug dabei, abhängig von der Garnfeinheit, max. 42 Stunden. Um den Zusammenhang zwischen der Fadenbruchhäufigkeit und der Spindelexzentrizität zu ermitteln, wurde für jede Spindel eine mittlere Spindelexzentrizität $\bar{r}$ errechnet. Dieses ist erforderlich, um die über der Spindelhöhe oft stark variierende Exzentrizität (siehe Abb. 13, Fig. a-c) zu berücksichtigen und aus den für jede Spindel gemessenen zwei Werten (untere und obere Ringbankstellung) einen Wert zu erhalten, der ein Maß für die während des gesamten Copaufbaues im Mittel vorhandene Spindelexzentrizität ist.
Die Bildung einer mittleren Spindelexzentrizität $\bar{r}$ ist selbstverständlich nicht ohne Probleme. Bei schrägstehenden Spindeln können die extremen fadenbruchverursachenden Spindelexzentrizitäten nicht unbeträchtlich über dem Mittelwert liegen. Eine Berücksichtigung dieser Fakten hätte eine nach der Copfüllung differenzierte Fadenbruchauswertung verlangt, die mit größerem Aufwand verbunden gewesen wäre und die in den Ergebnissen neben der Spindelexzentrizität die Copfüllung als zusätzlichen Einflußfaktor ausgewiesen hätte.

Spindeln mit sehr großen Exzentrizitäten, die sich mit dem vorhandenen Zentriergerät nicht mehr erfassen ließen, mußten bei der Auswertung unberücksichtigt bleiben.

Für vier untersuchte Maschinen (B5, B6, K5 und K6(W)) wurden in der Abb. 14 die relativen Häufigkeiten h der Fadenbruchanzahlen in Abhängigkeit von der mittleren Spindelexzentrizität $\overline{r}$ aufgetragen (gestrichelte Kurven). Die Klassenbreite der mittleren Spindelexzentrizität beträgt o,2 mm. Daneben sind noch die relativen Häufigkeiten h der mittleren Spindelexzentrizität $\overline{r}$ eingezeichnet (ausgezogene Kurven).

Aus einem Vergleich der Spindelexzentrizitäts- mit den Fadenbruchhäufigkeiten wird sichtbar, daß die Fadenbrüche in verstärktem Maße von Spindeln mit höherer Exzentrizität verursacht werden. Wäre die Spindelexzentrizität ohne Einfluß auf die Fadenbruchhäufigkeit, so würden alle Spindeln etwa gleich häufig an den Fadenbrüchen beteiligt sein und die beiden Häufigkeitskurven verliefen deckungsgleich. Aus den Darstellungen der Abb. 14 ist jedoch zu erkennen, daß sich die Häufigkeitskurven in einem Bereich zwischen o,4 mm und o,6 mm kreuzen. Dieser Bereich kann in Bezug auf die Fadenbruchhäufigkeit als "kritischer Bereich der Spindelexzentrizität" bezeichnet werden. Unterhalb desselben ist die Spindelexzentrizitätshäufigkeit größer als die Fadenbruchhäufigkeit und oberhalb umgekehrt.

Die Abhängigkeit der Fadenbruchanzahl von der Spindelexzentrizität ist jedoch nicht einheitlich, sondern steht in Wechselwirkung mit den sonstigen Spinnbedingungen, der Art des Faserstoffes etc.

Die Abb. 15 bis 18 enthalten die Fadenbruchanzahlen je Spindel f/Spi in Abhängigkeit von der mittleren Spindelexzentrizität $\overline{r}$ für die genannten vier Maschinen. Die Punktwolken der Abbildungen vermitteln ein Bild der Abhängigkeit der Fadenbruchhäufigkeit von der Spindelexzentrizität. Die eingetragenen Ziffern geben die Anzahl der Spindeln an, die eingezeichnete Gerade und der Schwerpunkt sind errechnet. Der Verlauf der Geraden und das Bestimmtheitsmaß B (siehe Tabelle IIIc) geben Auskunft über die Höhe des Einflusses der Spindelexzentrizität auf die Fadenbruchhäufigkeit. Für statistische Sicherheiten $\geqq$ 95 % wurden die Geraden ausgezogen, für statistische Sicherheiten $<$ 95 % gestrichelt. Aus den Abbildungen ist zu ersehen, daß die Fadenbruchanzahlen in allen Fällen mit zunehmender Spindelexzentrizität ansteigen.

Bei einer vergleichenden Betrachtung der Abb. 14 mit den Abb. 15 bis 18 ist ersichtlich, daß in den beiden Fällen eines statistisch gesicherten Anstieges (B6, K5, Abb. 16 und 17) die Kreuzungspunkte der Häufigkeitskurven (Abb. 14) bei niedrigeren Exzentrizitäten liegen und die Differenzen zwischen den beiden Häufigkeitskurven größer sind als in den beiden Fällen eines nicht statistisch gesicherten Anstieges (B5, K6(W), Abb. 15 und 18).

In der Tabelle IIIc ist der aus der Regression errechnete Anstieg der Fadenbruchanzahl für die Vergrößerung der Spindelexzentrizität von 0 auf 1 mm angegeben. Die Spalten 2 und 3 der Tabelle enthalten die Werte f/Spi für $\bar{r}$ = 0 und $\bar{r}$ = 1 mm, in der 4. Spalte ist die prozentuale Änderung der Fadenbruchanzahl aufgeführt. Weiterhin sind das Bestimmtheitsmaß B und die statistische Sicherheit S angegeben.

Festzustellen ist, daß in dem genannten Bereich der Spindelexzentrizität bei den vorliegenden Untersuchungen die relative Änderung bis max. +38o % beträgt. Obwohl die Fadenbruchuntersuchungen bei den nachzentrierten Ringspinnmaschinen nicht mit dem gleichen Material durchgeführt werden konnten, wird doch deutlich, daß mit der Beseitigung der in besonders starkem Maße fadenbrucherzeugenden großen Spindelexzentrizitäten der Anstieg der Fadenbruchanzahl reduziert wird.

Nach einer Angabe von H. Locher [17] können bis zu 2o % der gesamten Fadenbrüche auf nur 3 % der Spindeln auftreten. Fadenbrüche, denen zufällige Ursachen zugrunde liegen, können als seltene Ereignisse im Sinne der mathematischen Statistik angesehen werden, wobei eine genügend große Anzahl von Beobachtungen vorauszusetzen ist. Inwieweit die festgestellten Fadenbruchhäufigkeitsverteilungen der theoretischen Verteilung seltener Ereignisse nach POISSON gehorchen, wurde mit Hilfe des in der Literatur angegebenen χ^2-Testes [14,4,5] überprüft. Wenn die Häufigkeitsverteilung der beobachteten Werte gegenüber der POISSON-Verteilung einen gesicherten Unterschied aufweist, so läßt sich dieser mit Fadenbrüchen erklären, die von fehlerhaften Spinnstellen systematisch verursacht werden.
Die χ^2-Werte der Tabelle IV weisen nach, daß die Häufigkeitsverteilung der beobachteten Fadenbrüche für die Ringspinnmaschinen B6, B5(W), K5 und K6 keiner POISSON-Verteilung entsprechen. Die errechneten χ^2-Werte übersteigen die Tabellenwerte, die für die sehr hohe statistische Sicherheit S = 99,9 % gelten. Es ist offenbar, daß hier einige Spindeln mit hoher Fadenbruchanzahl vorhanden sind. Läßt man bei diesen Maschinen die Spindeln, die eine Übereinstimmung mit der POISSON-Verteilung verhindern, unberücksichtigt, dann ist festzustellen, daß diese wenigen einen großen Fadenbruchanteil verursachenden Spindeln zum Teil beträchtlich höhere Exzentrizitäten als die übrigen Spindeln aufweisen (Tabelle V).

3.2 Der Ringläuferverschleiß

Für die Untersuchungen des Ringläuferverschleißes wurden die einzelnen Ringläufer im neuen Zustand gewogen und in die Spinnringe der numerierten Spinnstellen eingesetzt. Es war so die Voraussetzung geschaffen worden, die Ringläufer nach einer bestimmten Laufzeit zu entnehmen, den jeweiligen Gewichtsverlust zu bestimmen und damit den Zusammenhang zwischen dem Gewichtsverlust der Ringläufer und der Spindelexzentrizität zu erfassen. Leider wurden bei den Versuchen in der Baumwollspinnerei die Ringläufer versehentlich vorzeitig gewechselt, so daß die Untersuchungen hier nicht zu Ende geführt werden konnten. Erwartungsgemäß mußten auf Grund der Ring/Läufer-Ausbildung die Zusammenhänge zwischen dem Ringläuferverschleiß und der Spindelexzentrizität deutlich ausgeprägt sein.

Dagegen ist in der Kammgarnspinnerei bei der andersartigen Ausführung von Spinnring und Ringläufer sowie der Schmierung mit keiner Korrelation zu rechnen. Dargestellt ist in der Abb. 19 der Gewichtsverlust der Ringläufer ΔG in Abhängigkeit von der mittleren Spindelexzentrizität $\bar{r}$ für die Maschine K3. Die während des Versuches herausgeflogenen 19 Ringläufer wurden ersetzt und die entsprechenden Spinnstellen markiert. Sie blieben bei der Auswertung unberücksichtigt. Die Laufzeit der Ringläufer betrug insgesamt 116 Stunden. In der Tabelle IIIc ist die prozentuale Änderung des Gewichtsverlustes für die Vergrößerung der Spindelexzentrizität von 0 auf 1 mm angegeben.

3.3 Die Garneigenschaften

Die Eigenschaften der mit verschiedenen Spindelexzentrizitäten gesponnenen Garne wurden, wie aus den Tabellen IIa und IIb ersichtlich, sowohl für Garne, die nach dem Baumwoll- als auch nach dem Kammgarnspinnverfahren hergestellt sind, ermittelt. Unter den nach dem Baumwollspinnverfahren hergestellten Garnen befindet sich neben kardierten und gekämmten Baumwollgespinsten auch ein Chemiefasergespinst. Die Untersuchungen der in den Kammgarnspinnereien erzeugten Garne beziehen sich auf reinwollene Gespinste und auf Mischgespinste aus synthetischen Fasern und Wolle. Die Soll-Feinheiten der Garne liegen in Bereichen von

21 tex bis 12 tex (Nm 48 bis Nm 85) in der Baumwollspinnerei bzw. von

29 tex bis 19 tex (Nm 34 bis Nm 52) in den Kammgarnspinnereien.

Es wurden von Spindeln unterschiedlicher Exzentrizitäten Cops zur Prüfung entnommen. Dabei entfielen in der Baumwollspinnerei durchschnittlich 24 von rd. 2oo Spindeln einer Maschinenseite auf diese Untersuchungen. Die Auswahl der Spinnstellen erfolgte derart, daß je rd. ein Viertel zu den in der Tabelle VI genannten vier Gruppen (1 bis 4) gehörten. In den Kammgarnspinnereien war der Versuchsumfang durch Entnahme von lo Cops jeder untersuchten Maschinenseite (2oo bis 252 Spindeln) festgelegt, die je zur Hälfte zu den Gruppen 1 und 2 der Tabelle VI gehörten.

Jeder Cop wurde gemäß Abb. 2o in den drei Bereichen "unten", "Mitte", "oben" geprüft. Die für diese Bereiche ermittelten Garneigenschaften (Mittelwerte) wurden den gemessenen oder errechneten Spindelexzentrizitäten der entsprechenden Ringbankstellungen gegenübergestellt. Die getrennte Auswertung für jeden der drei Bereiche ergab ähnliche Tendenzen wie bei der hier gezeigten gemeinsamen Auswertung. Die in der Tabelle VII aufgeführten Kenngrößen wurden unter den genannten Prüfbedingungen ermittelt.

Die Ergebnisse der Untersuchungen sind in der Abb. 21 für die Garne aus der Baumwollspinnerei und in der Abb. 22 für die Garne aus den Kammgarnspinnereien wiedergegeben. Auf der Ordinatenachse ist jeweils die Kenngröße, auf der Abszissenachse die Spindelexzentrizität r aufgetragen. Die Punktwolken geben ein Bild von der Abhängigkeit der Garneigenschaften von der Spindelexzentrizität. Jeder eingezeichnete Strich ist ein Mittelwert, Ziffern geben die Anzahl der Werte an. Zusätzlich wurden - in gleicher Weise wie beim Fadenbruchverhalten (Kap. 3.1) und bei der Ringläuferverschleißbestimmung (Kap. 3.2) - die beste Gerade und der Schwerpunkt sowie das Bestimmtheitsmaß B (siehe Tabellen VIIIa und VIIIb) errechnet. Sie geben Auskunft über die Stärke des Einflusses der Spindelexzentrizität auf die einzelnen Garneigenschaften. Auch hier bedeuten:

Gerade ausgezogen	=	der Einfluß ist mit mehr als 95 % statistisch gesichert,
Gerade gestrichelt	=	der Einfluß ist mit weniger als 95 % statistisch gesichert.

Aus der Abb. 21 wird für die Baumwollspinnerei (Kurzfaserspinnerei) ersichtlich, daß mit zunehmender Spindelexzentrizität r die Höchstzugkraft F_H und die Höchstkraftdehnung ε_H in allen Versuchen abnehmen, der CV-Wert nach USTER in einem Versuch leicht zunimmt, während er in den übrigen Versuchen gleich bleibt. Die Haarigkeit steigt in einigen untersuchten Fällen stärker an. Einen Anstieg der Haarigkeit mit größer werdender Spindelexzentrizität hatten bereits M.M.Manoury [21], M.Müller [22] und J.Lünenschloß [13] beobachtet. Die Garnfeinheit wird erwartungsgemäß kaum beeinflußt, und aus diesem Grunde wurde auf ihre grafische Darstellung verzichtet. Eine Auswirkung wäre denkbar durch Verdehnung in Folge der höheren Fadenzugkraft.

In der Tabelle VIIIa ist die errechnete rel. Änderung der Garneigenschaften bei Zunahme der Spindelexzentrizität von r = 0 auf r = 1 mm angegeben. Nach diesen Analysen nehmen in der Baumwollspinnerei (Kurzfaserspinnerei) mit dieser Exzentrizitätsveränderung die Höchstzugkraft F_H bis max.8 % und die Höchstkraftdehnung ε_H bis max. 9 % ab, die Haarigkeit bis max. 45 % zu. Die Verringerung der Höchstzugkraft läßt sich mit exzentrizitätsbedingten Garnschädigungen, die der Höchstkraftdehnung mit den gleichen Ursachen und stärkeren Garnverdehnungen in Folge größerer Fadenzugkraftschwankungen erklären. Auf die Ursache der stärkeren Garnhaarigkeit war J. Lünenschloß [13] bereits eingegangen.

Die Zunahme der Haarigkeit mit steigender Spindelexzentrizität ist auch visuell erkennbar. Für eine "gut" (r = o,1 mm) und eine "schlecht" (r = o,75 mm) zentrierte Spindel sind in der Abb. 23 Copausschnitte von einem gekämmten Baumwollgarn (14 tex, Nm 7o) wiedergegeben, die deutlich die stärkere Garnhaarigkeit für die schlecht zentrierte Spindel erkennen lassen.

Aus der Abb. 22 und der Tabelle VIIIb geht hervor, daß die in den Kammgarnspinnereien hergestellten Garne keine wesentliche Abhängigkeit der untersuchten Garneigenschaften von der Spindelexzentrizität besitzen. Aus diesem Grunde beschränken sich die grafischen Darstellungen auf die Wiedergabe der Ergebnisse für die Maschinen K2 bis K5. W.Wegener und R. Peuker [12] fanden in ihren früheren Arbeiten für ein reinwollenes Kammgarn (19 tex, Nm 52) eine rel. Änderung der Höchstzugkraft und Höchstkraftdehnung von rd. -15 % bei Erhöhung der Exzentrizität von r = 0 auf r = 2 mm. Bei einem Vergleich dieser Ergebnisse sind die sehr hohe Spindelexzentrizität und die Benutzung eines schräg geneigten Spindelsystems zu berücksichtigen.

4. Modellversuche mit verschiedenen Spindelexzentrizitäten

Die in den vorangegangenen Kapiteln beschriebenen Versuche wurden an Ringspinnmaschinen in verschiedenen Spinnereibetrieben durchgeführt. Die Meßergebnisse vermitteln ein Bild über die in der Industrie anzutreffenden Spindelexzentrizitäten und die Größe des Einflusses der Spindelexzentrizität auf die Fadenbruchhäufigkeiten, den Ringläuferverschleiß und die Garneigenschaften.

Neben diesen in der Industrie durchgeführten Untersuchungen wurden im Institut für Textiltechnik der RWTH Aachen auf einem Spinntester Ausspinnungen mit verschiedenen Spindelexzentrizitäten vorgenommen.

4.1 Der Versuchsstand

In der Abb. 24 ist der Versuchsstand dargestellt. Das Foto zeigt den verwendeten Spinntester der SKF (Maschinendaten s. Tab. IX), das Spindelzentriergerät RES SC 4oo, das Fadenspannungsmeßgerät RES GSP 1o9, den Speicheroszillograph und den Servogor-Schreiber. Der Spinntester wurde so hergerichtet, daß die Spindelexzentrizität der sechs Spindeln wählbar eingestellt werden konnte. Dieses geschah durch eine Lagerung der Ringbank in Kreuzrollen-Führungsschienen so, daß sie in der Längsachse zur Maschine bewegt und mittels einer Arretierung in jeder gewünschten "Spinnring-Spindel-Stellung" fixiert werden kann. Zur Anpassung der einzelnen Spinnringe erhielt jeder eine Einzelhalterung. Die Einstellung aller Spinnstellen über den gesamten Ringbankhub (Nullstellung) erfolgte mit Hilfe des Zentriergerätes. Die maximale Spindelexzentrizität betrug bei dieser optimalen Einstellung o,1 mm.

4.2 Die Versuchsbedingungen

Auf den Ergebnissen der Spindelexzentrizitätsbestimmungen an den Produktionsmaschinen basierend, wurden folgende drei Stufen der Exzentrizität festgelegt:

Stufe 1 = o + o,1 mm (Nullstellung = "zentrisch")
Stufe 2 = 1,25 mm ± o,1 mm
Stufe 3 = 2,5o mm ± o,1 mm

Die Einstellung der Stufen 1 und 2 erfolgte jeweils mit Hilfe des Zentriergerätes, die der Stufe 3 mittels einer Lehre. Aus der Tab. X gehen die spinntechnischen Daten hervor.

4.3 Die Garneigenschaften

Die verschiedenen Kenngrößen wurden für jede der drei Stufen in einem Bereich mittlerer Copfüllung bestimmt, wobei die in der Tab. XI genannten Prüfbedingungen zugrunde lagen.

Die Ergebnisse sind in den Abb. 25 bis 3o wiedergegeben. Aufgezeichnet ist jeweils das Garnmerkmal in Abhängigkeit von der eingestellten Spindelexzentrizität r. Zusätzlich sind in den entsprechenden Abbildungen noch die Regressionsgeraden aus der Abb. 21 für die in der Baumwollspinnerei hergestellten Garne eingezeichnet. Es wird so ein Vergleich mit den in den Modellversuchen hergestellten Garnen ermöglicht.
Wie aus den Abb. 25 und 26 hervorgeht, nehmen die feinheitsbezogene Höchstzugkraft R_H und die Höchstkraftdehnung ε_H mit steigender Spindelexzentrizität r ab.
Die Abnahme der Höchstzugkraft ist für das gekämmte und für

die kardierten Baumwollgarne bei r = 2,5 mm statistisch gesichert, nicht gesichert ist sie für das Mischgarn (Abb.25). Die Verringerung der Höchstkraftdehnung ist bei r = 2,5 mm in allen Fällen statistisch gesichert (Abb. 26).
Es fällt auf, daß die Reduzierung der Höchstzugkraft und der Höchstkraftdehnung bei einigen in der Baumwollspinnerei hergestellten Garnen wesentlich ausgeprägter als bei den auf dem Spinntester hergestellten Garnen ist. Die Erklärung muß in abweichenden Spinnbedingungen gesucht werden.

Die Abhängigkeit der Variationskoeffizienten der Höchstzugkraft und der Höchstkraftdehnung von der Spindelexzentrizität ist nicht eindeutig (Abb. 27 und 28). Mit extrem großer Spindelexzentrizität zeigt sich jedoch ein Trend zu höheren Variationskoeffizienten, was mit einer örtlichen Garnschädigung zu erklären wäre.
Auf die Garnungleichmäßigkeit CV (Uster) (Abb. 29) hat die Spindelexzentrizität erwartungsgemäß keinen erkennbaren Einfluß.
Die Haarigkeit der untersuchten Garne wird von der Spindelexzentrizität in starkem Maße beeinflußt (Abb.3o); sie steigt bei den kardierten Baumwollgarnen im Anfang stark, später jedoch nur noch gering an. Bei dem gekämmten Baumwollgarn ist die Tendenz umgekehrt.
Die Haarigkeit des Mischgespinstes aus Polyester und Baumwolle wächst in dem untersuchten Bereich proportional mit der Spindelexzentrizität. Die Zunahme der Haarigkeit mit steigender Spindelexzentrizität ist für alle Garne statistisch gesichert. Bei einigen der auf dem Spinntester hergestellten Garne ist der Anstieg der Haarigkeit stärker als bei den Garnen der Industrie ausgeprägt.

4.4 Die Fadenzugkraftverhältnisse

Mit einbezogen in die Modellversuche wurde die Erfassung des hoch- und niederfrequenten Fadenzugkraftverlaufes in Abhängigkeit von der Spindelexzentrizität. Als Fadenspannungsmeßgerät diente das in der Abb. 24 abgebildete RES-Gerät GSP 1o9.

Gemessen wurde die Fadenzugkraft zwischen der Fadenführeröse und dem Streckwerksausgangswalzenpaar. Die Untersuchungen erfolgten jeweils an derselben Spinnstelle (rechte Spindel), wobei die Nachbarspinnstelle zur Einstellung und Kontrolle der Exzentrizität verwendet wurde. Zur Aufzeichnung des niederfrequenten Fadenzugkraftverlaufes diente ein Servogor-Schreiber. Der hochfrequente Fadenzugkraftverlauf wurde mit hoher Geschwindigkeit von einem 2-Kanal-Meßsignal-Speicher Typ WM-812 der nbn-Elektronik, Starnberg, gespeichert und anschließend mit niedriger Geschwindigkeit mittels Schreiber aufgezeichnet. Ein Zweistrahl-Speicheroszillograph TEKTRONIX Typ 51oo gestattete die unmittelbare Registrierung hochfrequenter Fadenzugkraftvorgänge.

Die Abb. 31 bis 33 zeigen auf, wie sich die Fadenzugkraft während eines Ringbankspieles und während eines Ringläuferumlaufes verhält. Eingetragen sind die auftretenden minimalen und maximalen Kräfte. Der dazwischenliegende Bereich wird als Schwankungsbereich bezeichnet.
In der Abb. 31 ist für verschiedene Garne der Schwankungsbereich der Fadenzugkraft F_Z innerhalb eines Ringbankspieles in Abhängigkeit von der Spindelexzentrizität r aufgetragen. Die Messungen erfolgten bei drei verschiedenen Spindeldrehzahlen n_{Spi} in der Ringbankstellung "Mitte"; der Aufwindedurchmesser d betrug an der Spitze 24 mm und an der Basis 4o mm. Aus der Darstellung geht hervor, daß die ermittelte Fadenzugkraft mit steigender Spindelexzentrizität leicht ab-

fällt.
In den Abb. 32 und 33 ist für ein PES/Bw-Garn, 65/35, 2o tex (Nm 5o), der Schwankungsbereich der Fadenzugkraft F_Z innerhalb eines Ringläuferumlaufes in Abhängigkeit von der Spindelexzentrizität r aufgezeichnet. Die Messungen erfolgten bei den Ringbankstellungen "unten" und "oben". Im ersten Fall (Abb. 32) wurde die Spindeldrehzahl n_{Spi} variiert und beim Aufwindedurchmesser d = 32 mm gemessen, während im zweiten Fall (Abb. 33) bei verschiedenen Aufwindedurchmessern d und bei konstanter Spindeldrehzahl n_{Spi} = 1o ooo $[min^{-1}]$ registriert wurde.
Aus den Darstellungen ist ersichtlich, daß mit steigender Spindelexzentrizität der Schwankungsbereich der Fadenzugkraft innerhalb eines Ringläuferumlaufes zunimmt. Die Zunahme des Schwankungsbereiches kann durch Ansteigen oder/ und Absinken der minimalen bzw. maximalen Fadenzugkraft erfolgen.
Die Abb. 34 gibt den Fadenzugkraftverlauf innerhalb eines Ringläuferumlaufes wieder. Zu erkennen ist, daß bei r = 2 mm die Fadenzugkraft innerhalb des 6 ms dauernden Ringläuferumlaufes periodisch zwischen nahezu 0 und 35 p variiert, während bei einer "gut" zentrierten Spindel mit r = 0 nur Schwankungen zwischen rd. 5 p und 12 p auftreten. Die Auswertung über einen Ringläuferumlauf ergibt in beiden Fällen die gleiche mittlere Fadenzugkraft von rd. 9 p.

Zu ähnlichen Ergebnissen kamen G. Bühler und E. Schenkel in ihren Untersuchungen [23].

5. Zusammenfassung

Im ersten Teil der Arbeit wurde durch umfangreiche Untersuchungen in Kurzfaser- und Kammgarnspinnereien ein Überblick über den Ist-Zustand der Spindelexzentrizitäten und ihrer Häufigkeiten gewonnen. Messungen erfolgten an jeweils sechs Ringspinnmaschinen einer Kurzfaserspinnerei (Baumwollspinnerei) und verschiedener Kammgarnspinnereien. An drei Maschinen wurde nach einer Nachzentrierung durch den Maschinenhersteller erneut die Exzentrizität ermittelt. Insgesamt ergaben sich somit 15 Versuchsreihen.

Als Meßgerät diente das elektronisch arbeitende RES-Spindelzentriergerät SC 4oo, dessen Meßaufnehmer nach dem induktiven Prinzip arbeitet. Die Messungen erfolgten den praktischen Bedingungen entsprechend bei laufender Spindel, und zwar in einer unteren und einer oberen Ringbankstellung. Diese zweifache Messung erlaubte Aussagen über die Spindelneigung.

Für alle durchgeführten Untersuchungen sind die Häufigkeiten der angetroffenen Spindelexzentrizitäten grafisch dargestellt. Einige in der Praxis auftretende typische Spindelstellungen werden aufgezeigt. Als Kenngröße wird eine über der Spindelhöhe errechnete mittlere Spindelexzentrizität neu eingeführt. Diese wird bei der Erfassung der Zusammenhänge zwischen der Fadenbruchhäufigkeit und der Spindelexzentrizität benutzt.

Die Untersuchungen zeigen zum Teil erhebliche Unterschiede im Zentrierungszustand der verschiedenen Maschinentypen, wobei der allgemeine Eindruck vorherrscht, daß mit dem Trend zur leichteren Ausführung der diesbezüglichen Maschinenelemente und der damit gegebenen weniger aufwendigen Fertigung die in den Betrieben anzutreffenden Spindelexzentrizitäten vergrößert werden.

Der zweite Teil der Arbeit ist der Untersuchung des Fadenbruchverhaltens und der Garneigenschaften in Abhängigkeit von der Spindelexzentrizität gewidmet. Hierzu erfolgten spindelbezogene Fadenbruchzählungen in den Spinnereibetrieben unter normalen Produktionsbedingungen. Aus den Ergebnissen läßt sich ableiten, daß Spindelexzentrizitäten über o,5 mm überproportional an dem Auftreten von Fadenbrüchen beteiligt sind, d.h. daß Fadenbrüche in verstärktem Maße von Spindeln mit höherer Exzentrizität verursacht werden. Die Überprüfung der Häufigkeitsverteilung der beobachteten Fadenbrüche mit dem χ^2-Test ergab, daß einige Verteilungen keiner POISSON-Verteilung entsprachen. So werden in einem Fall rd. 3o % der Fadenbrüche von rd. 1o % der Spindeln verursacht. Diese Spindeln besitzen im Vergleich zu den übrigen eine doppelt so hohe Exzentrizität. In allen durchgeführten Versuchen steigt die Fadenbruchanzahl mit zunehmender Exzentrizität an. Dies gilt sowohl für die Kurzfaser- als auch für die Verspinnung in der Kammgarnspinnerei.

Die Garneigenschaften wurden an Garnen aus der Industrie und an Garnen, die auf einem Spinntester des Institutes für Textiltechnik der RWTH Aachen gefertigt wurden, untersucht. Die Kennwerte sind in drei Cop-Bereichen, einem unteren, mittleren und oberen Bereich, ermittelt worden und den in den entsprechenden Ringbankstellungen gemessenen bzw. errechneten Exzentrizitäten zugeordnet.

Aus den Ergebnissen geht hervor, daß sich in der Kurzfaserspinnerei die Höchstzugkraft, Höchstkraftdehnung und die Haarigkeit der Garne teilweise erheblich mit steigender Spindelexzentrizität verschlechtern. In den Kammgarnspinnereien ist dagegen keine bemerkenswerte Änderung der untersuchten Garneigenschaften zu erkennen.

Miteinbezogen in die Versuche wurde die Erfassung des hoch- und niederfrequenten Fadenzugkraftverlaufes in Abhängigkeit von der Spindelexzentrizität. Die Ergebnisse machen deutlich, daß die mittlere Fadenzugkraft kaum von der Spindelexzentrizität beeinflußt wird, die hochfrequenten Fadenzugkraftschwankungen jedoch mit ansteigender Spindelexzentrizität anwachsen.

Die durchgeführten Untersuchungen beweisen, daß durch eine Verringerung der Spindelexzentrizität deutliche Verbesserungen im Spinnablauf durch Herabsetzung der Fadenbruchhäufigkeiten erzielt werden können. Parallel hierzu ergibt sich eine Verbesserung der Garnqualität.

Die Ergebnisse sollten vor allem den Maschinenhersteller anregen, konstruktive und fertigungstechnische Maßnahmen einzuleiten, um eine Verringerung der Exzentrizität und eine Konstanz des eingestellten Zustandes zu erhalten, damit kostspielige, zeitaufwendige, im Effekt unsichere Nachzentrierungen überflüssig werden.

Danksagung

Die vorliegende Arbeit wurde durch das Ministerium für Wissenschaft und Forschung des Landes Nordrhein-Westfalen durch Bereitstellung der erforderlichen finanziellen Mittel gefördert.

Den folgenden Firmen sei für die Unterstützung des Forschungsvorhabens unser Dank gesagt:
SKF Kugellagerfabriken GmbH, Stuttgart
Reiners & Fürst, Mönchengladbach
Zinser Textilmaschinen GmbH, Ebersbach
Leopold Schoeller jr. & Cie., Baumwollspinnerei, Düren
Kammgarnspinnerei Stöhr, Rheydt
Vereinigte Kammgarnspinnereien, Mönchengladbach
Kammgarnspinnerei Kaiserslautern

6. Literatur

[1] Oertel, F. und E.A. Winzenburger
Über den Zusammenhang zwischen Spindeldrehzahlen, Fadenzügen und ihren Ausgleich bei Ringspinnmaschinen
Textil-Praxis 4 (1949) 423-427, 542-546

[2] Gessner, W.
Fadenbruchursachen in der Kammgarnspinnerei
Textil-Praxis 18 (1963) 932-936, 19 (1964) 58-62, 174-177

[3] Wegener, W. und B. Wulfhorst
Einfluß von Balloneinengungsringen auf die Fadenzugkraft, auf die Fadenbruchanzahl und auf die Qualität der Garne
Melliand Textilberichte 45 (1964) 1326-1333

[4] Wegener, W. und B. Wulfhorst
Der Einfluß verschiedener Liefergeschwindigkeiten an der Ringspinnmaschine auf die Laufeigenschaften und das Ungleichmäßigkeitsverhalten von Garnen
Forschungsbericht des Landes Nordrhein-Westfalen Nr. 17o7, 62 S., Köln und Opladen, Westdeutscher Verlag 1966

[5] Wegener, W. und B. Wulfhorst
Methoden der Auswertung und Darstellung von Fadenbrüchen
Spinner Weber Textilveredlung 84 (1966) 11o5-111o

[6] Garde, A. und H. Rottmayr
Dünne Garnstellen als Ursache der Fadenbrüche an der Ringspinnmaschine
Melliand Textilberichte 49 (1968) 497-5o2

[7] Garde, A. und H. Rottmayr
Die Grundursachen der Fadenbrüche an der Baumwollringspinnmaschine
Melliand Textilberichte 5o (1969) 127-132, 247-252, 367-371

[8] Lünenschloß, J., Rottmayr, H. und E. Hummel
Die Abhängigkeit der Festigkeitsergebnisse von Geräte-, Klima- und Materialeinflüssen unter der Berücksichtigung der Inhomogenität der Fasergarne
Textil-Praxis 2o (1965) 934-945, 1o23-1o35

[9] Lünenschloß, J. und H. Rottmayr
Die Aufstellung von Garnstandards und ihre Erprobung
Textil-Praxis 2o (1965) 562-571

[1o] Lünenschloß, J. und H. Rottmayr
Die Untersuchung der Zusammenhänge zwischen dem Auftreten von haarnadelförmigen Dickstellen in Drei- und Vierzylindergarnen und den Klima- und Spinnbedingungen
Textil-Praxis 2o (1965) 642-649, 7o9-716, 8o8-817

[11] Lünenschloß, J. und H. Rottmayr
Der Einfluß verschiedener Spinnparameter als Ursache für das Auftreten von Schmelzstellen in Polyester-Baumwoll-Mischgarnen
Melliand Textilberichte 53 (1972) 739-743

[12] Wegener, W. und R. Peuker jr.
Untersuchungen an Kammgarnringspinnmaschinen mit schrägem Spindelsystem
Textil-Praxis 11 (1956) 221-227

[13] Lünenschloß, J.
Die Untersuchung der Garnhaarigkeit und des Einflusses der Spinnbedingungen auf die Haarigkeit von Garnen
Textil-Praxis 22 (1967) 689-692, 76o-765

[14] Graf, U. und H.J. Henning
Statistische Methoden bei textilen Untersuchungen
Springer-Verlag, Berlin-Göttingen-Heidelberg 196o

[15] Stange, K.
Angewandte Statistik
1. Teil, Eindimensionale Probleme
Springer-Verlag, Berlin-Heidelberg-New York 197o

[16] Sachs, L.
Statistische Auswertungsmethoden
Springer-Verlag, Berlin-Heidelberg-New York 1968

[17] Locher, H.
Automatische Datenerfassung und Elektronik als Hilfsmittel der Rationalisierung und Automatisierung in der Textilindustrie
chemiefasern/textilindustrie 23/75 (1973) 13

[18] Wegener, W. und G. Thönneßen
Die Haarigkeitsbestimmung von Garnen
Forschungsbericht des Landes Nordrhein-Westfalen
Nr. 196o 3o S., Köln und Opladen
Westdeutscher Verlag 1968

[19] Wegener, W. und G. Thönneßen
Kritische Betrachtung zur Haarigkeitsbestimmung
Melliand Textilberichte 49 (1968) 26o-266

[2o] Barella, A.
Einfluß der Faser- und Garneigenschaften und des Spinnverfahrens auf die Haarigkeit der Gespinste
Chemiefasern 19 (1969) 892-895, 99o

[21] Centre de Recherches des Industries Textile de Rouen
Contribution à l'étude de la pilosité des filés de coton
Bulletin Institut Textile France 94 (1961) 33-64, 98 (1962) 37-51

[22] Müller, M.
Untersuchung des Einflusses der Spinnbedingungen auf die Haarigkeit von Garnen unter kritischer Beurteilung des hierzu verwendeten Meßgerätes
Unveröffentlichte Diplomarbeit, Technische Hochschule Stuttgart, 1965

[23] Bühler, G. und E. Schenkel
Können Ringspinnmaschinen schneller spinnen-und trotzdem weniger Fadenbrüche haben?
Melliand Textilberichte 55 (1974) 91-1oo

7. Abbildungen

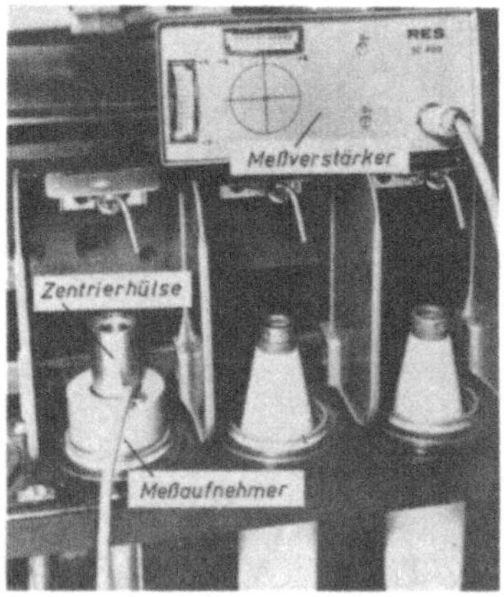

Abb. 1 RES-Spindelzentriergerät SC 4oo.

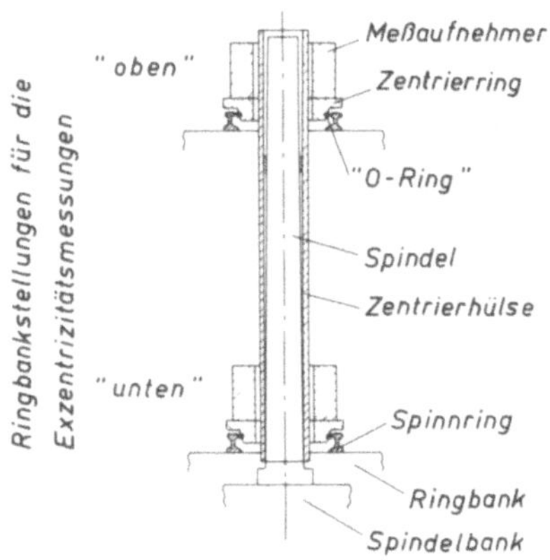

Abb. 2 Ringbankstellungen "oben" und "unten" für die Exzentrizitätsmessungen.

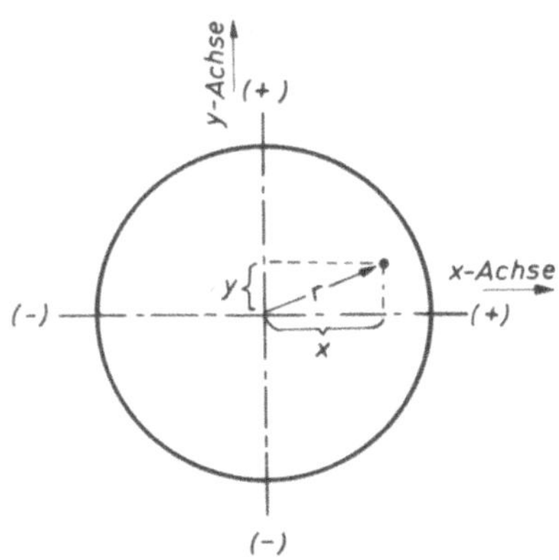

Abb. 3 Definition der Spindelexzentrizität r.

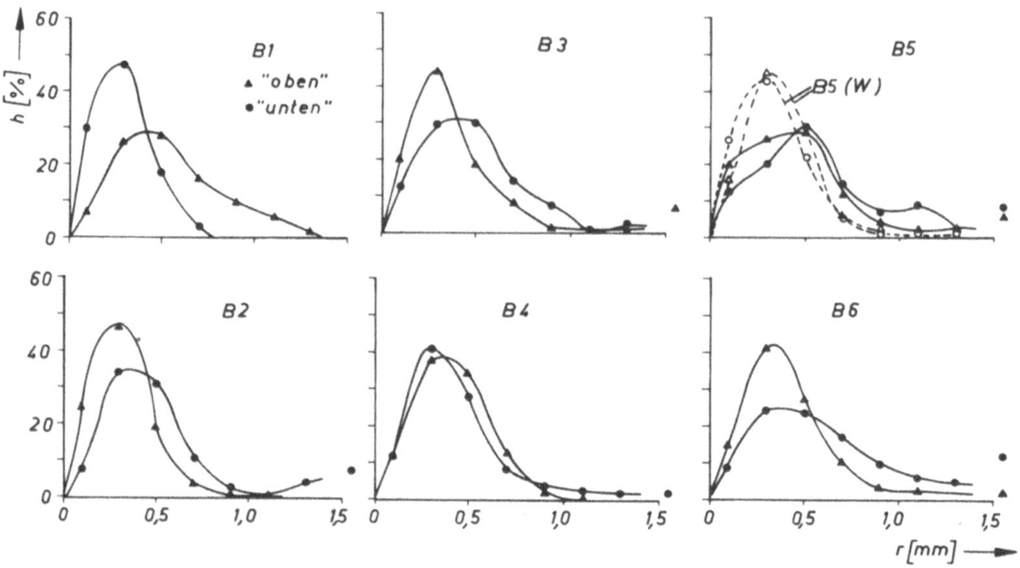

Abb. 4 Relative Häufigkeit h der Spindelexzentrizität r für die Ringbankstellungen "oben" und "unten", Klassenbreite für r = o,2 mm Baumwoll-Ringspinnmaschinen B1 bis B6

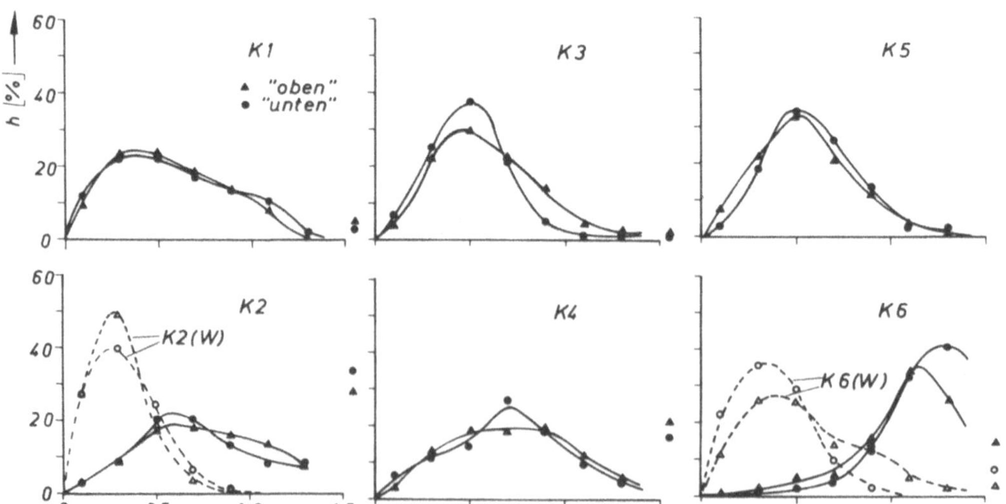

Abb. 5 Relative Häufigkeit h der Spindelexzentrizität r für die Ringbankstellungen "oben" und "unten", Klassenbreite für r = o,2 mm Kammgarn-Ringspinnmaschinen K1 bis K6

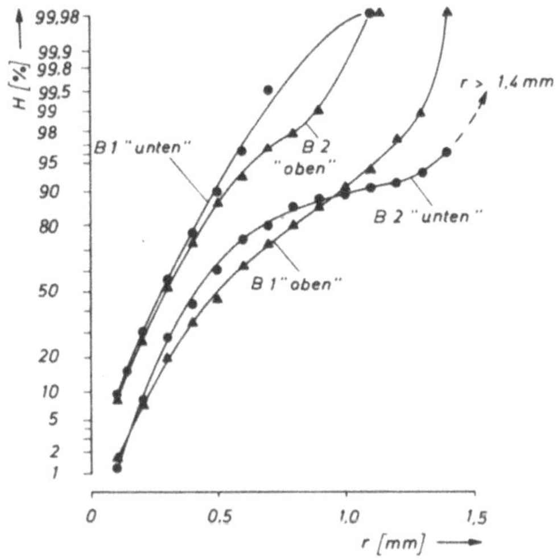

Abb. 6 Relative Summenhäufigkeit H der Spindelexzentrizität r für die Ringbankstellungen "oben" und "unten", Baumwoll-Ringspinnmaschinen B1 und B2

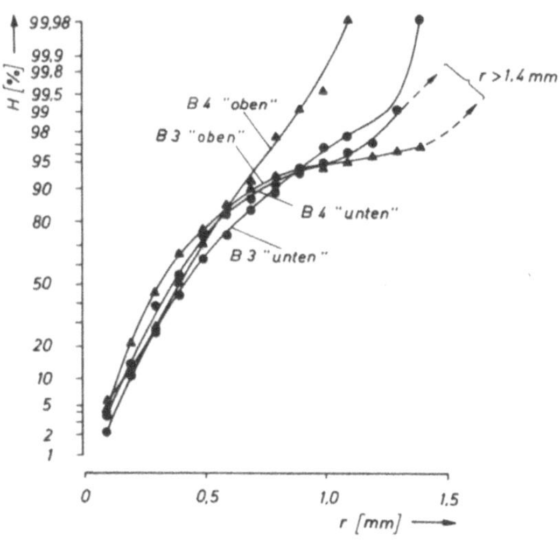

Abb. 7 Relative Summenhäufigkeit H der Spindelexzentrizität r für die Ringbankstellungen "oben" und "unten", Baumwoll-Ringspinnmaschinen B3 und B4

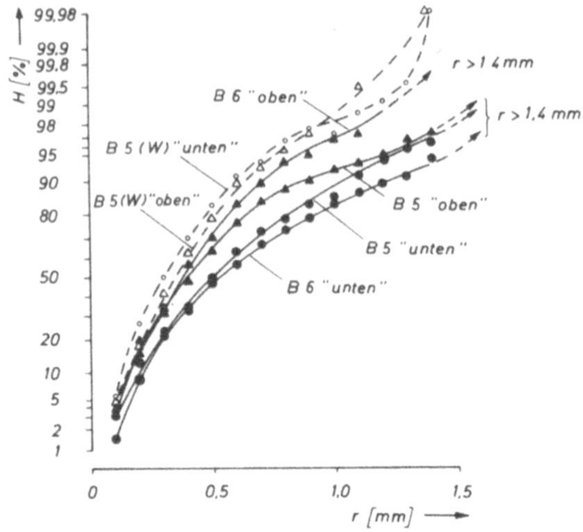

Abb. 8 Relative Summenhäufigkeit H der Spindelexzentrizität r für die Ringbankstellungen "oben" und "unten", Baumwoll-Ringspinnmaschinen B5 und B6

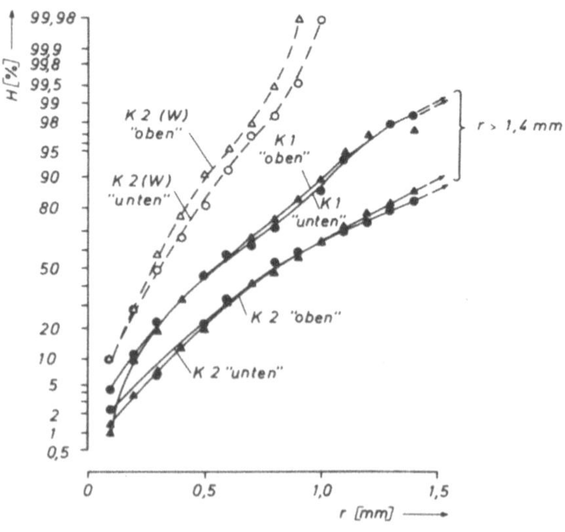

Abb. 9 Relative Summenhäufigkeit H der Spindelexzentrizität r für die Ringbankstellungen "oben" und "unten", Kammgarn-Ringspinnmaschinen K1 und K2

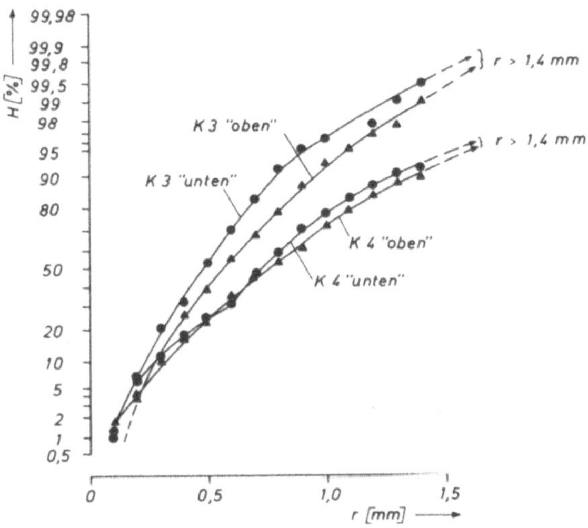

Abb. lo Relative Summenhäufigkeit H der Spindelexzentrizität r für die Ringbankstellungen "oben" und "unten", Kammgarn-Ringspinnmaschinen K3 und K4

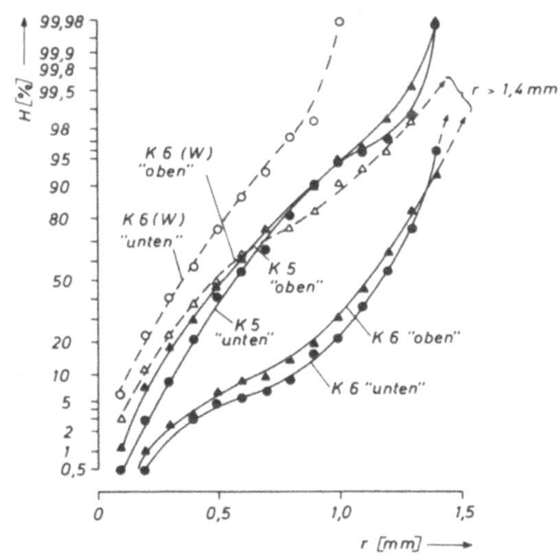

Abb. 11 Relative Summenhäufigkeit H der Spindelexzentrizität r für die Ringbankstellungen "oben" und "unten", Kammgarn-Ringspinnmaschinen K5 und K6

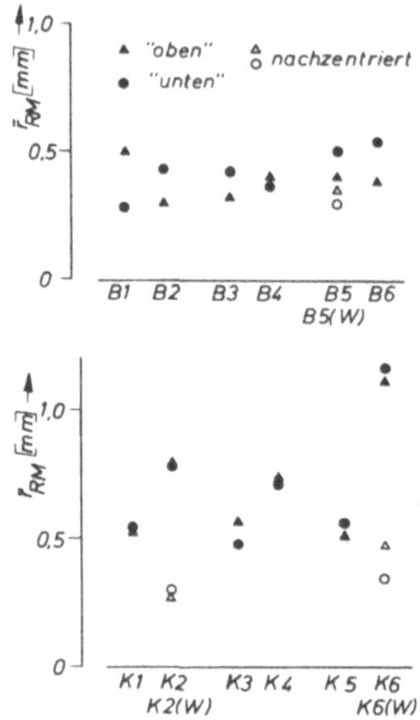

<u>Abb. 12</u> Zentralwerte der Spindelexzentrizität $\tilde{r}_{RM}$ für eine Ringspinnmaschinenseite. Baumwoll-Ringspinnmaschinen B1 bis B6 Kammgarn-Ringspinnmaschinen K1 bis K6

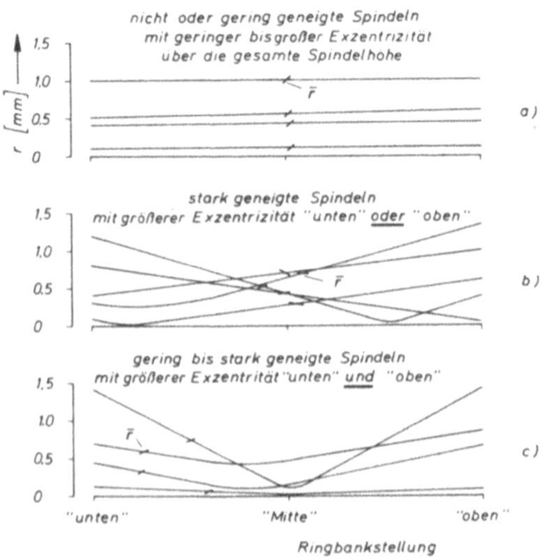

<u>Abb. 13</u> Verlauf der Spindelexzentrizität r über die Spindelhöhe für einige typische Spindelstellungen.

$\bar{r}$ = mittlere Spindelexzentrizität

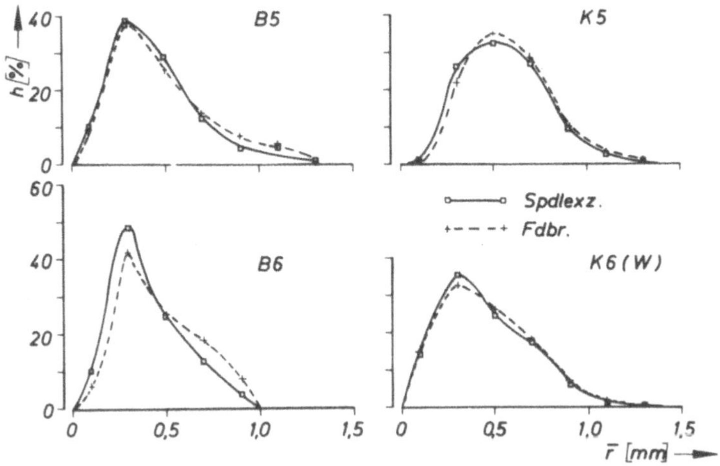

Abb. 14 Relative Häufigkeit h der Fadenbruchanzahl in Abhängigkeit von der mittleren Spindelexzentrizität $\bar{r}$ (gestrichelte Kurven).

Relative Häufigkeit h der mittleren Spindelexzentrizität $\bar{r}$
(ausgezogene Kurven).

Klassenbreite für $\bar{r}$ = o,2 mm.
Baumwoll-Ringspinnmaschinen B5 und B6
Kammgarn-Ringspinnmaschinen K5 und K6 (W)

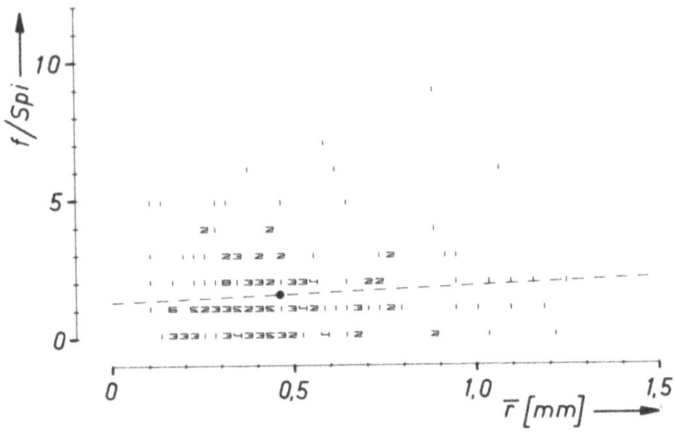

Abb. 15 Fadenbruchanzahl je Spindel f/Spi in Abhängigkeit von der mittleren Spindelexzentrizität r̄.
Baumwoll-Ringspinnmaschine B5
Bw, kardiert 2o tex (Nm 5o)
B = o,86 %

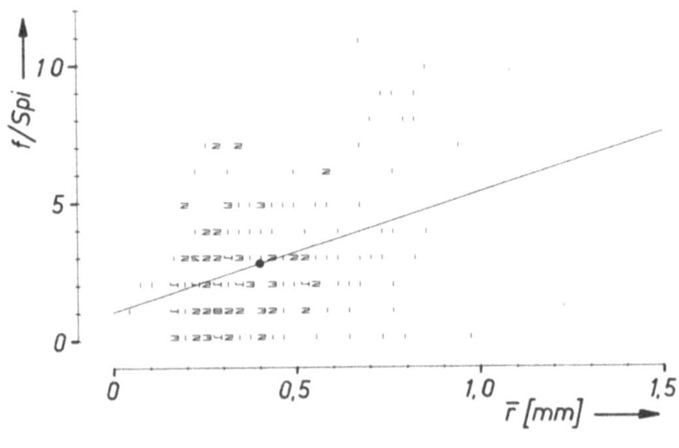

Abb. 16 Fadenbruchanzahl je Spindel f/Spi in Abhängigkeit von der mittleren Spindelexzentrizität r̄.
Baumwoll-Ringspinnmaschine B6
Bw, gekämmt 14 tex (Nm 7o)
B = 12,48 %, S = 99,9 %

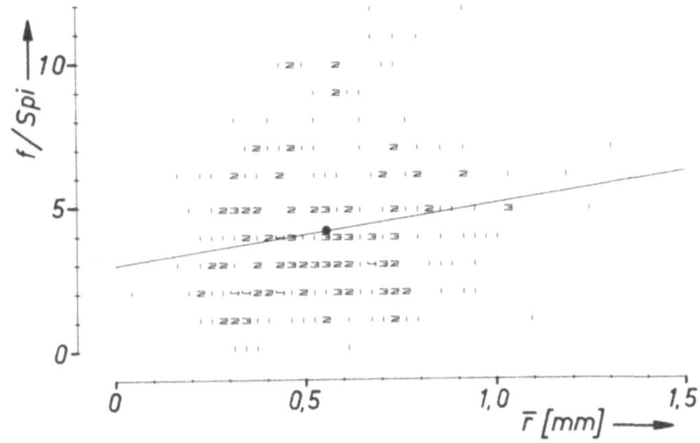

Abb. 17 Fadenbruchanzahl je Spindel f/Spi in Abhängigkeit von der mittleren Spindelexzentrizität $\overline{r}$.
Kammgarn-Ringspinnmaschine K5
Wo, 19 tex (Nm 52)
B = 2,39 %, S = 95 %

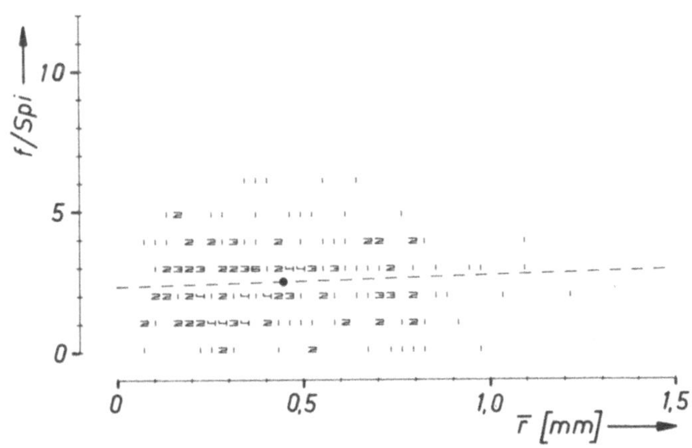

Abb. 18 Fadenbruchanzahl je Spindel f/Spi in Abhängigkeit von der mittleren Spindelexzentrizität $\overline{r}$.
Kammgarn-Ringspinnmaschine K6 (W)
Wo, 28 tex (Nm 36)
B = o,37 %

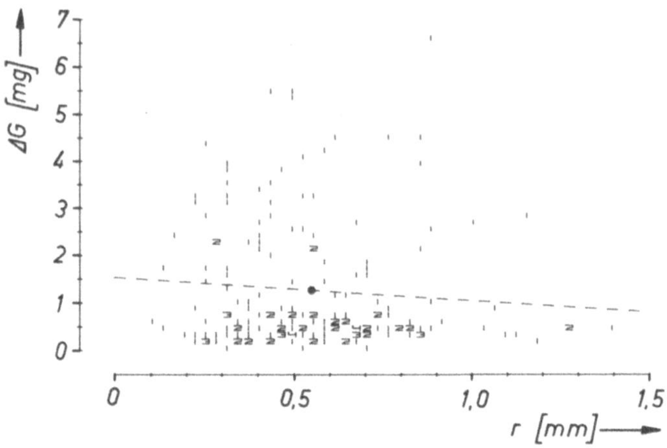

Abb. 19 Gewichtsverlust der Ringläufer ΔG in Abhängigkeit von der mittleren Spindelexzentrizität $\overline{r}$. Kammgarn-Ringspinnmaschine K3

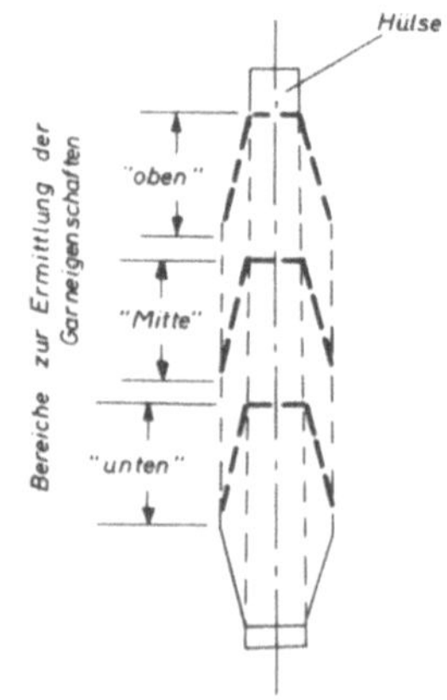

Abb. 2o Bereiche "unten", "Mitte", "oben" zur Ermittlung der Garneigenschaften.

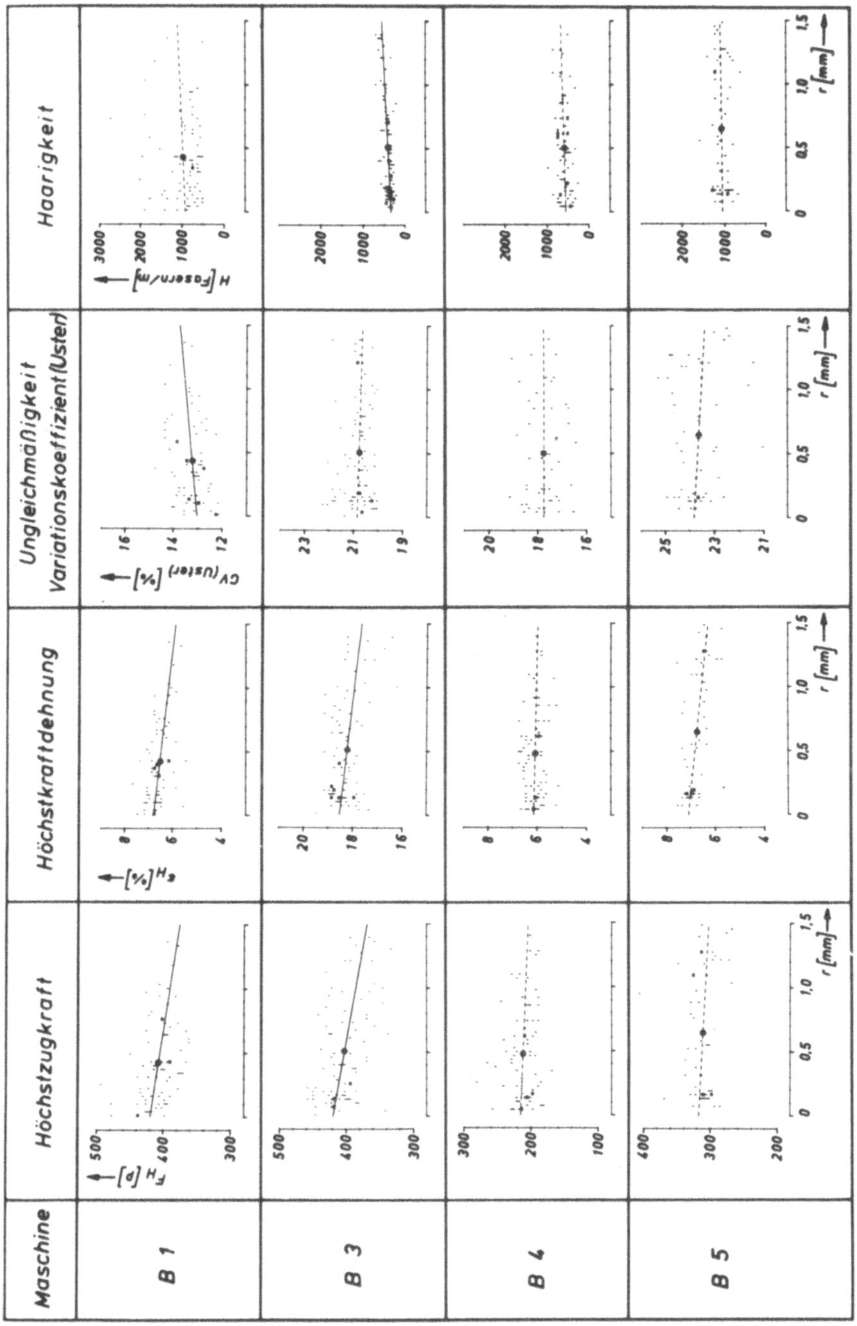

Abb. 21 Die Garneigenschaften in Abhängigkeit von der Spindelexzentrizität r. (Baumwollspinnerei)

Abb. 22 Die Garneigenschaften in Abhängigkeit von der Spindelexzentrizität r.
(Kammgarnspinnereien)

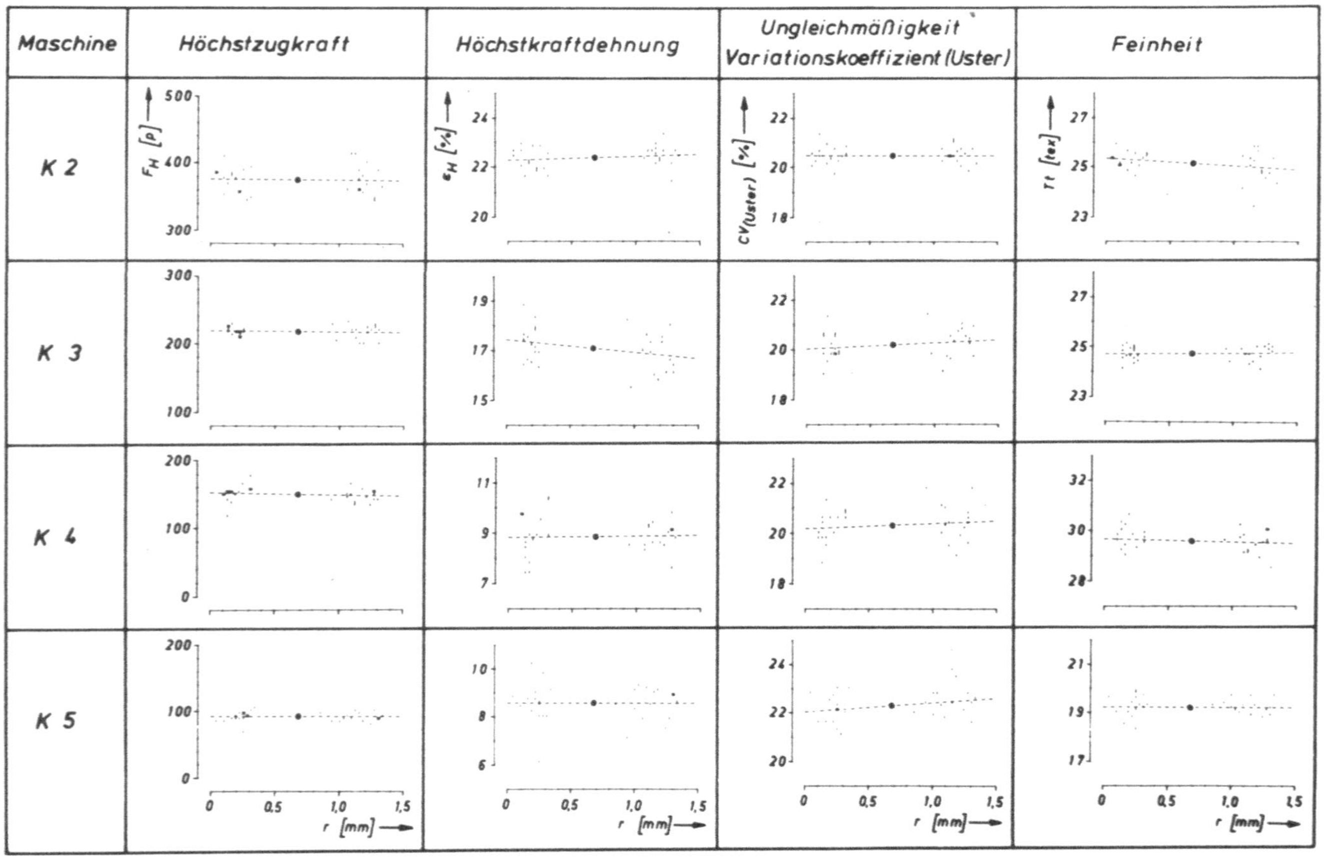

Abb. 23 Copausschnitte eines gekämmten Baumwollgarnes 14 tex (Nm 7o).

links: r ≈ o,1 mm
rechts: r ≈ o,8 mm

Abb. 24 Versuchsstand für die Modellversuche.

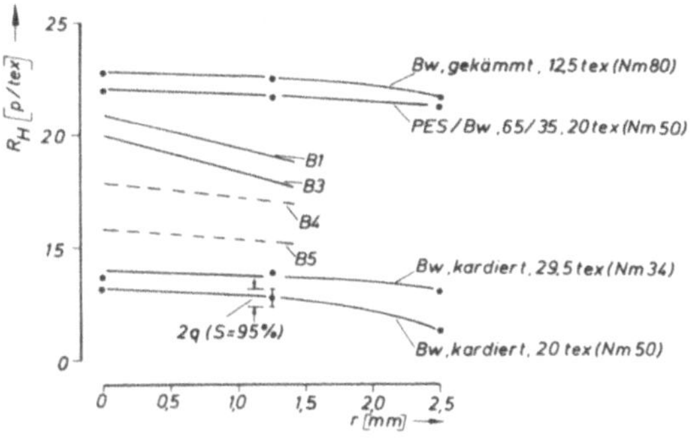

Abb. 25 Feinheitsbezogene Höchstzugkraft R_H in Abhängigkeit von der Spindelexzentrizität r.

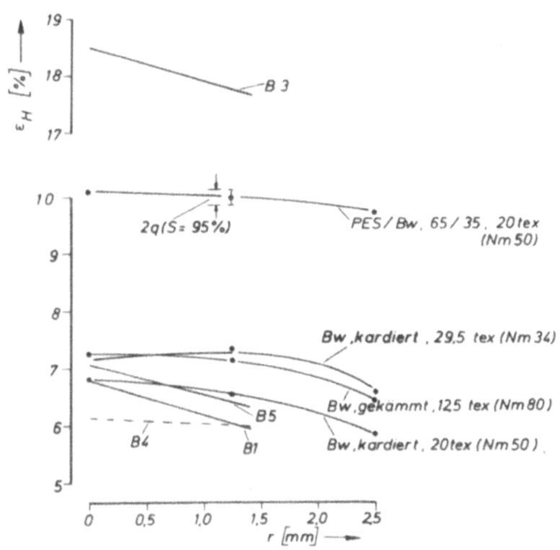

Abb. 26 Höchstkraftdehnung ε_H in Abhängigkeit von der Spindelexzentrizität r.

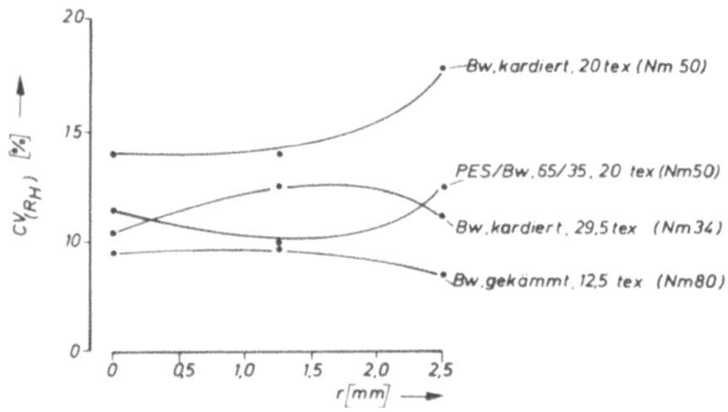

Abb. 27 Variationskoeffizient $CV_{(RH)}$ der feinheitsbezogenen Höchstzugkraft in Abhängigkeit von der Spindelexzentrizität r.

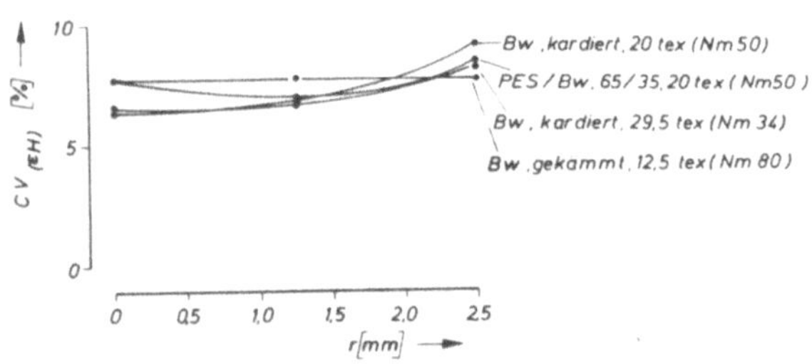

Abb. 28 Variationskoeffizient $CV_{(\varepsilon H)}$ der Höchstkraftdehnung in Abhängigkeit von der Spindelexzentrizität r.

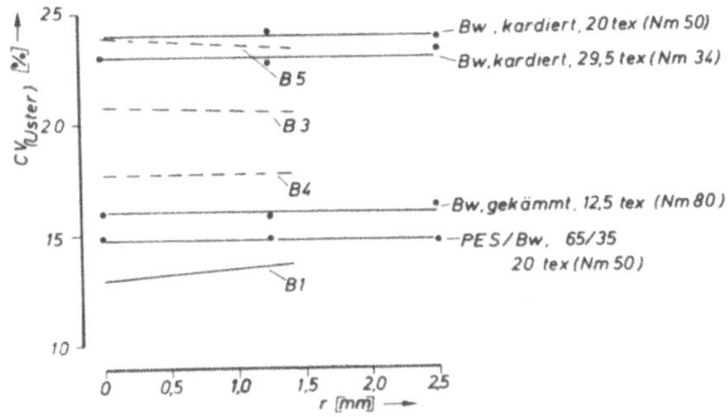

Abb. 29 Variationskoeffizient $CV_{(Uster)}$ in Abhängigkeit von der Spindelexzentrizität r.

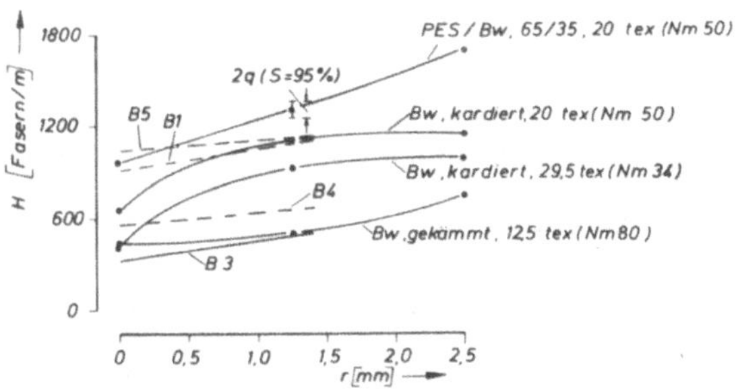

Abb. 3o Haarigkeit H in Abhängigkeit von der Spindelexzentrizität r.

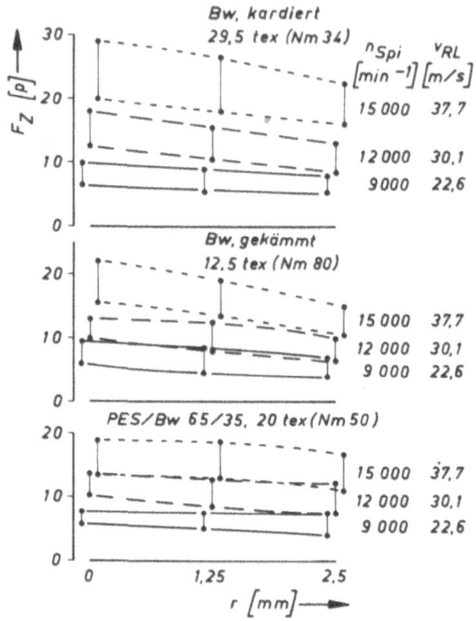

Abb. 31 Schwankungsbereich der Fadenzugkraft F_Z innerhalb eines Ringbankspieles in Abhängigkeit von der Spindelexzentrizität r bei verschiedenen Spindeldrehzahlen n_{Spi}.
Ringbankstellung "Mitte"
Aufwindedurchmesser d = 24 mm (Spitze)
4o mm (Basis)
v_{RL} = Ringläufergeschwindigkeit

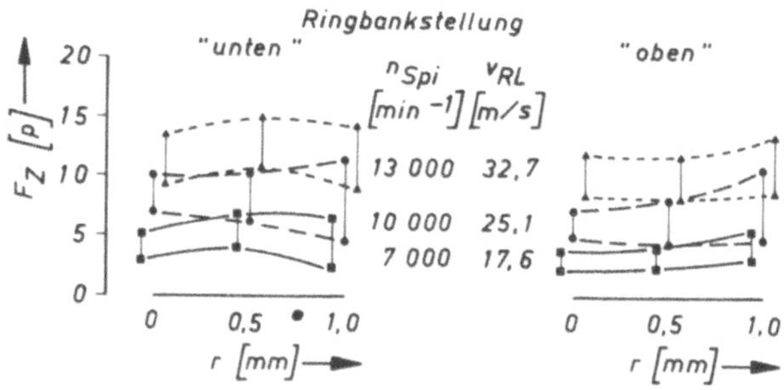

Abb. 32 Schwankungsbereich der Fadenzugkraft F_Z innerhalb eines Ringläuferumlaufes in Abhängigkeit von der Spindelexzentrizität r bei verschiedenen Spindeldrehzahlen n_{Spi}.
Ringbankstellung "unten" und "oben"
Aufwindedurchmesser d = 32 mm (Mitte zwischen Spitze und Basis)
v_{RL} = Ringläufergeschwindigkeit
PES/Bw-Garn, 2o tex (Nm 5o)

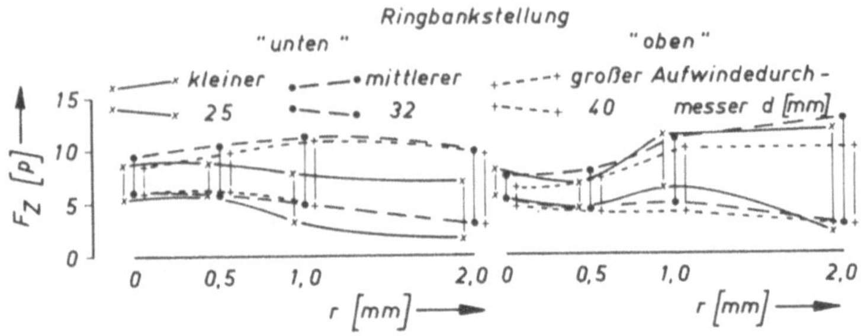

Abb. 33 Schwankungsbereich der Fadenzugkraft F_Z innerhalb eines Ringläuferumlaufes in Abhängigkeit von der Spindelexzentrizität r bei verschiedenen Aufwindedurchmessern d.

Ringbankstellung "unten" und "oben"

Spindeldrehzahl n_{Spi} = 1o ooo $[min^{-1}]$

Ringläufergeschwindigkeit v_{RL} = 25,1 [m/s]

PES/Bw-Garn, 2o tex (Nm 5o)

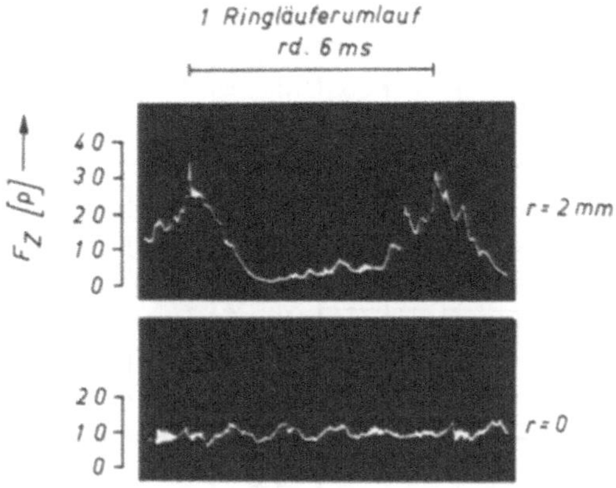

Abb. 34 Fadenzugkraftschwankungen innerhalb eines Ringläuferumlaufes bei exzentrischer und zentrischer Spindelstellung.

Spindeldrehzahl n_{Spi} = 1o ooo $[min^{-1}]$
Ringläufergeschwindigkeit v_{RL} = 25 $[m/s]$
Aufwindedurchmesser d = 23 mm (Spitze)
Ringbankstellung "oben"
PES/Bw-Garn, 2o tex (Nm 5o)

<u>Tabelle I</u> Ringspinnmaschinendaten

	Baumwollspinnerei						Kammgarnspinnereien					
Maschinen-Bezeichnung	B 1	B 2	B 3	B 4	B 5 B 5 (W)	B 6	K 1	K 2 K 2 (W)	K 3	K 4	K 5	K 6 K 6 (W)
Maschinen-Fabrikat	R		W		Z		Z	Z	S	H	S	Z
Baujahr	1964	1956	196o		1966		1968	1972	1972	1966	1972	1971
zuletzt zentriert /Monat - Jahr/	2-72	9-7o	vor d. Messg.	4-7o	3-69 (vor d. 2.Mssg.)		—	— (vor d. 2.Mssg.)	—	vor d. Messg.	—	— (vor d. 2.Mssg.)
Spindel/Maschinenseite	18o	194	198		2oo		2o6	21o	216	2oo	252	2oo
Teilung /mm/	82,5		75				82,5		8o	82,5	8o	82,5
Spindelantrieb	4 Spdl.,Band		1 Spdl.,Band (DD-Antrieb)		4 Spdl.,Band		4 Spdl., Band	Tangent. riemen	Tangent. riemen (Gruppe)	4 Spdl., Band	Tangent. riemen (Gruppe)	Tangent. riemen
mit Spindelaufsatz (Spinnfinger)									x		x	x
mit Doffer					x	x						
Spinnring-Bezeichnung	Einseitige Spinnringe, Form A, Flansch 2						Konische Spezial-Ringe V (Sinterstahl)					
Nenn-Ø D /mm/	48						57		52		55	56
mittl.äuß.Hülsen-Ø d /mm/	26,o	23,5	26,o	23,5	26,o		27,5	25,5	27,5		25,o	
Verhältnis d:D	o,54	o,49	o,54	o,49	o,54		o,48	o,45	o,53		o,45	
Ringbank	feststehend Spdl.-Bank beweglich		beweglich (Spindelbank feststehend)									

Tabelle II, Teil a Spinntechnische Daten (Baumwollspinnerei)

Maschinen-Bezeichnung	B 1	B 2	B 3	B 4	B 5	B 5 (W)	B 6
Faserstoff[x)] und Mischungsverhältnis	Bw gekämmt (Gizeh 67)	Bw gekämmt (Gizeh 68)	PES / CV 7o/3o	Bw gekämmt (Gizeh 67)	Bw kardiert (Mischung)	Bw gekämmt (Mischung)	Bw gekämmt (Mischung)
Soll-Feinheit Tt [tex] (Nm)	2o (5o)	12 (85)	21 (48)	12 (85)	2o (5o)	14 (7o)	14 (7o)
Soll-Drehung T [t/m]	76o	8oo	76o	1o8o	9oo	1o8o	1o8o
Drehungsbeiwert α	1o7	87	11o	117	127	129	129
Verzug V	25,o	28,3	26,7	42,5	25,o	31,8	31,8
Spindeldrehzahl n_{Spi} [min^{-1}]	114oo	9ooo	1o3oo	11ooo	119oo	125oo	125oo
Lieferung v_L [m/min]	15,o	11,2	13,5	1o,2	13,2	11,6	11,6
Ringläufer - Bezeichnung	ELF 2/o	ELF5/o	T/HR 2	ELF 5/o	EL 1/o	EL 5/o	EL 5/o
- Geschwindigkeit [m/s]	28,7	22,6	25,9	27,6	29,9	31,4	31,4
Fadenbruchzählung					x	x	x
Ringläuferverschleißbestimmung							
Garneigenschaften	x		x	x	x		

x) Kurzbezeichnung nach DIN 6o ool, Blatt 1

Tabelle II, Teil b Spinntechnische Daten (Kammgarnspinnereien)

Maschinen-Bezeichnung	K 1	K 2	K 3	K 4	K 5	K 6	K 6 (W)
Faserstoff x) und Mischungsverhältnis	PES/Wo 7o/3o	PES/Wo 55/45	PAC/Wo 7o/3o	Wo 22,2 µm	Wo 22,9 µm, $\bar{l}$ = 7o mm		Wo 23,2 µm, $\bar{l}$ = 9o mm
Soll-Feinheit Tt tex (Nm)	28 (36)	25 (4o)	25 (4o)	29 (34)	19 (52)	29 (34)	28 (36)
Soll-Drehung T [t/m]	5oo	533	537	49o	56o	445	482
Drehungsbeiwert α	83	84	85	84	78	76	8o
Verzug V	22,5	25,o	18,2	15,5	15,6	2o,o	2o,o
Spindeldrehzahl n_{Spi} [min^{-1}]	95oo	11ooo	9ooo	98oo	91oo	93oo	87oo
Lieferung v_L [m/min]	19,o	2o,6	16,8	2o,o	16,3	21,o	18,o
Ringläufer - Bezeichnung	konisch rund, Nr. 25	ohrförmigA Nr. 26	Ohrförmige Nr. 24	Stahl-Läufer, Nr. 23	Spezialrund V, Nr. 28	Grundform Nr. 23	Nr. 24
- Geschwindigkeit [m/s]	26,9	31,3	28,9	25,9	27,1	27,3	25,6
Fadenbruchzählung		x (keine Auswertung)	x	x	x	x	x
Ringläuferverschleißbestimmung			x				
Garneigenschaften	x	x	x	x	x	x	

x) Kurzbezeichnung nach Din 6o ool, Blatt 1

Tabelle III, Teil a Fadenbruchhäufigkeiten (Baumwollspinnerei)

Maschinen-Bezeichnung	Faser-stoff x)	Soll-Feinheit Tt [tex] (Nm)	Aufnahme-zeit t_{Auf} [h]	Spindel-anzahl N_{Spi} [Spi]	Erfaßte Spindel-stunden Spi·h [h]	Liefe-rung v_L [m/min]	gesamt f_g	Fadenbruchanzahl je 1ooo Spindel-stunden f_t [(1oooSp h)$^{-1}$]	je 1ooo km Garn f_L [(1ooo km)$^{-1}$]
B 5	Bw kardiert (Mischung)	2o (5o)	22,5	197	4433	13,2	315	71	9o
B 6	Bw gekämmt (Mischung)	14 (7o)	38,66	2oo	7732	11,6	614	79	114
B 5 (W)	Bw gekämmt (Mischung)	14 (7o)	42	2oo	798o	11,6	819	98	148

x) Kurzbezeichnung nach DIN 6o ool, Blatt 1

Tabelle III, Teil b Fadenbruchhäufigkeiten (Kammgarnspinnereien)

Maschinen-Bezeichnung	Faserstoff und Mischungsverhältnis x)	Soll-Feinheit Tt [tex] (Nm)	Aufnahmezeit t_{Auf} [h]	Spindelanzahl N_{Spi} [Spi]	Erfaßte Spindelstunden Spi · h [h]	Lieferung v_L [m/min]	Fadenbruchanzahl gesamt f_g	Fadenbruchanzahl je 1ooo Spindelstunden f_t [(1ooo Sp h)$^{-1}$]	Fadenbruchanzahl je 1oookm Garn f_L [(1oookm)$^{-1}$]
K 2	PES/Wo 55/45	25 (4o)	6	21o	126o	2o,6	6o	48	39
K 3	PAC/Wo 7o/3o	25 (4o)	12,75	216	2754	16,8	1oo	36	36
K 4	Wo	29 (34)	16,66	2oo	3332	2o	111	33	28
K 5	Wo	19 (52)	34,92	25o	88oo	16,3	1o56	121	123
K 6	Wo	29 (34)	19,5	2oo	39oo	21	269	69	55
K 6 (W)	Wo	28 (36)	22,5	2oo	45oo	18	5o5	112	1o4

x) Kurzbezeichnung nach DIN 6o oo1, Blatt 1

Tabelle III, Teil c

Fadenbruchverhalten und Ringläuferverschleiß
(Baumwollspinnerei und Kammgarnspinnereien)

Fadenbruchverhalten				
Maschinen-Bezeichnung	$\bar{r} = 0$ [f/Spi]	$\bar{r} = 1$ mm	relative Änderung [%]	B [%] / S [%]
B 5	1,3	2,o	+ 54	o,86
B 6	1,1	5,3	+ 38o	12,48 / 99,9
B 5 (W)[x)]	3,8	5,5	+ 45	o,41
K 3	o,3o	o,59	+ 97	o,79
K 4	o,46	o,65	+ 41	o,3o
K 5	3,o	5,1	+ 7o	2,39 / 95
K 6	o,5	1,2	+ 14o	2,oo / nahe 95
K 6 (W)[x)]	2,4	2,8	+ 17	o,37
Ringläuferverschleiß				
	[mg]			
K 3	1,5	1,1	- 27	o,73

x) Die Regressionsanalysen wurden auch für die nachzentrierten Maschinen durchgeführt, obwohl die Nachzentrierung eine deutliche Verringerung der Spindelexzentrizität erbrachte (siehe Abb. 4 und 5)

Tabelle IV

χ^2-Test für die POISSON-Verteilung, Fadenbruchhäufigkeiten
(Baumwollspinnerei und Kammgarnspinnereien)

Maschinen-Bezeichnung	χ^2-Wert errechnet	Tabellenwert	S [%]
B 5	12,869	13,277	99
B 6	76,379	22,457	99,9
B 5 (W)	179,376	24,322	99,9
K 3	2,212	5,991	95
K 4	7,178	9,21o	99
K 5	33,671	24,322	99,9
K 6	2o,28o	16,268	99,9
K 6 (W)	3,6o1	11,o7o	95

Tabelle V

POISSON-Verteilung , Fadenbruchhäufigkeiten
(Baumwollspinnerei und Kammgarnspinnereien)

Maschinen-Bezeichnung	Anteil [%] der aus der POISSON-Verteilung herausfallenden Spindeln	Anteil [%] der von ihnen verursachten Fadenbrüche	mittlere Spindelexzentrizität $\bar{r}$ [mm] der aus der POISSON-Verteilung herausfallenden Spindeln	mittlere Spindelexzentrizität $\bar{r}$ [mm] der übrigen Spindeln
B6	1o,5	3o	o,71	o,37
B5 (W)	16,3	49,5	o,32	o,34
K5	2,4	7	o,66	o,53
K6	1,5	9,7	1,28	1,o5

Tabelle VI

Cops-Entnahme-Schema für die Bestimmung der Garneigenschaften (Baumwollspinnerei und Kammgarnspinnereien)

Gruppe	Spindel-exzentrizität r [mm]	Ringbankstellung "unten"	Ringbankstellung "oben"
1	< o,5	x	x
	> o,5		
2	< o,5		
	> o,5	x	x
3	< o,5	x	
	> o,5		x
4	< o,5		x
	> o,5	x	

Tabelle VII

Prüfbedingungen für die Bestimmung der Garneigenschaften
(Baumwollspinnerei und Kammgarnspinnereien)

Kenngröße	Prüfbedingungen
Feinheit Tt [tex]	Weifverfahren nach DIN 5383o Anzahl der Messungen je Cop N/Cop = 3x2=6 Länge der geweiften Stränge L_{Wf}= loom (Die Feinheitsmessung beschränkte sich auf einige Untersuchungsreihen)
Höchstzugkraft F_H [p] Höchstkraftdehnung ε_H [%]	Einfacher Zugversuch nach DIN 53834 Textimat 15o4 der Firma Zwick Anzahl der Messungen je Cop N/Cop = 3x2o=6o Verformungsgeschwindigkeit v = 25o mm/min
Garnungleichmäßigkeit Variationskoeffizient CV (Uster) [%]	Uster GGP-B mit Integrator ITG-Q der Firma Zellweger Anzahl der Ablesungen je Cop N/Cop = 3x5=15 Prüfgeschwindigkeit v = 5o m/min Meßschlitz-Nr. 7
Haarigkeit H [Fasern/m]	Pilosimètre I.T.F. C.R.I.T.E.R. [13,18 bis 22] Anzahl der Ablesungen je Cop N/Cop = 3x1o=3o Abstand zwischen den Ablesungen = 3o s Prüfgeschwindigkeit v = 4 m/min Meßabstand zur Fadenachse = 3 mm Elektrodenspannung = 13 kV (Die Bestimmung der Haarigkeit erfolgte nur an den nach dem Bauwollspinnverfahren hergestellten Garnen)

Tabelle VIII, Teil a   Garneigenschaften (Baumwollspinnerei)

Maschinen-Bezeichnung	r = o	r = 1 mm	rel. Änderung [%]	B [%] / S [%]
	F_H [p]			
B 1	419	39o	- 7	13,8o / 99
B 3	42o	386	- 8	21,3o / 99,9
B 4	215	2o8	- 3	1,68
B 5	317	3o8	- 3	5,2o / nahe 95
	ε_H [%]			
B 1	6,77	6,17	- 9	21,64 / 99,9
B 3	18,51	17,94	- 3	15,44 / 99,9
B 4	6,14	6,o4	- 1,5	1,o1
B 5	7,o7	6,54	- 9	36,4o / 99,9
	CV (Uster) [%]			
B 1	13,o2	13,5o	+ 3,5	7,13 / 95
B 3	2o,85	2o,61	- 1	1,11
B 4	17,76	17,75	± 0	o,oo
B 5	23,81	23,55	- 1	1,96
	H [Fasern/m]			
B 1	922	1o5o	+ 14	o,88
B 3	331	478	+ 45	31,43 / 99,9
B 4	558	644	+ 15,5	4,69 / nahe 95
B 5	1o5o	1o9o	+ 4	o,97
	Tt [tex]			
B 5	2o,55	2o,36	- 1	1,53
B 4	11,92	11,85	- o,6	o,31

Tabelle VIII, Teil b

Garneigenschaften (Kammgarnspinnereien)

Maschinen-Bezeichnung	r = 0	r = 1 mm	rel. Änderung [%]	B [%] S [%]
	F_H [p]			
K 1	309	322	+ 4	7,89 nahe 95
K 2	376	375	± 0	0,07
K 3	219	218	± 0	0,36
K 4	152	148	- 3	3,06
K 5	92,5	92,8	± 0	0,03
K 6	154	154	± 0	1,22
	ε_H [%]			
K 1	13,58	13,58	± 0	3,67
K 2	22,37	22,47	+ 0,5	3,56
K 3	17,09	16,80	- 1,5	9,99 nahe 95
K 4	8,87	8,91	+ 0,5	0,20
K 5	8,57	8,57	± 0	0,00
K 6	15,26	15,13	- 0,5	0,49
	CV (Uster) [%]			
K 1	18,86	19,10	+ 1	8,53 nahe 95
K 2	20,45	20,43	± 0	0,00
K 3	20,19	20,33	+ 0,5	4,23
K 4	20,33	20,33	± 0	2,31
K 5	22,31	22,56	+ 1	8,61 nahe 95
K 6	20,23	20,35	+ 0,5	1,92
	Tt [tex]			
K 1	28,00	27,75	- 1	8,78 nahe 95
K 2	25,12	24,92	- 0,5	8,36 nahe 95
K 3	24,74	24,78	± 0	1,16
K 4	29,58	29,51	± 0	0,94
K 5	19,23	19,22	± 0	0,07
K 6	28,54	28,43	± 0	2,18

Tabelle IX Maschinendaten des Spinntesters (Modellversuche)

Typ	SKF 82 (Firma Edera)
Spindelanzahl	6
Teilung [mm]	82,5
Spindelantrieb	6 Spdl., Band
Spinnring-Bezeichnung	Einseitige Spinnringe Form A, Flansch 2
Nenn-Ø D [mm]	48
mittl. äuß. Hülsen-Ø d [mm]	25
Verhältnis d : D	o,52
Ringbank	beweglich, Hub = 43 mm
Fadenführeröse	beweglich, Hub = 16 mm
Balloneinengung	1 Ring, Hub = 43 mm
Streckwerk	PK 225

Tabelle X Spinntechnische Daten (Modellversuche)

Faserstoff x) und Mischungsverhältnis	Bw kardiert		Bw gekämmt	PES/Bw 65/35
Soll-Feinheit Tt [tex] (Nm)	29 (34)	2o (5o)	12,5 (8o)	2o (5o)
Soll-Drehung T [t/m]	7oo	85o	1o8o	85o
Drehungsbeiwert α	12o			
Verzug V	29,6	43,5	26,7	25
Spindeldrehzahl n_{Spi} [min^{-1}]	11ooo			
Lieferung v_L [m/min]	15,7	13	1o,2	13
Ringläufer - Bezeichnung	2	1/o	2/o	1/o
- Geschwindigkeit [m/s]	27,6			

x) Kurzbezeichnung nach DIN 6o ool, Blatt 1

Tabelle XI

Prüfbedingungen für die Bestimmung der Garneigenschaften (Modellversuche)

Kenngröße	Prüfbedingungen
Feinheitsbezogene Höchstzugkraft R_H [p/tex] Höchstkraftdehnung ε_H [%] Variationskoeffizient CV (R_H) [%] Variationskoeffizient CV (ε_H) [%]	Einfacher Zugversuch nach DIN 53834 Textimat 15o4 der Firma Zwick Anzahl der Cops N_{Cops} = 6 Anzahl der Messungen je Cop N/Cop = 2o Verformungsgeschwindigkeit v = 25o mm/min
Garnungleichmäßigkeit Variationskoeffizient CV (Uster) [%]	Uster GGP-B mit Integrator ITG-Q der Firma Zellweger Anzahl der Cops N_{Cops} = 6 Anzahl der Ablesungen je Cop N/Cop = 5 Prüfgeschwindigkeit v = 5o m/min Meßschlitz-Nr. 7
Haarigkeit H [Fasern/m]	Pilosimètre I.T.F. C.R.I.T.E.R. [13, 18 bis 22] Anzahl der Cops N_{Cops} = 6 Anzahl der Ablesungen je Cop N/Cop = 1o Abstand zwischen den Ablesungen = 3os Prüfgeschwindigkeit v = 4 m/min Meßabstand zur Fadenachse = 3 mm Elektrodenspannung = 13 kV

Forschungsberichte des Landes Nordrhein-Westfalen

Herausgegeben im Auftrage des Ministerpräsidenten Heinz Kühn
vom Minister für Wissenschaft und Forschung Johannes Rau

Sachgruppenverzeichnis

Acetylen · Schweißtechnik

Acetylene · Welding gracitice
Acétylène · Technique du soudage
Acetileno · Técnica de la soldadura
Ацетилен и техника сварки

Arbeitswissenschaft

Labor science
Science du travail
Trabajo científico
Вопросы трудового процесса

Bau · Steine · Erden

Constructure · Construction material · Soilresearch
Construction · Matériaux de construction · Recherche souterraine
La construcción · Materiales de construcción · Reconocimiento del suelo
Строительство и строительные материалы

Bergbau

Mining
Exploitation des mines
Minería
Горное дело

Biologie

Biology
Biologie
Biologia
Биология

Chemie

Chemistry
Chimie
Quimica
Химия

Druck · Farbe · Papier · Photographie

Printing · Color · Paper · Photography
Imprimerie · Couleur · Papier · Photographie
Artes gráficas · Color · Papel · Fotografía
Типография · Краски · Бумага · Фотография

Eisenverarbeitende Industrie

Metal working industry
Industrie du fer
Industria del hierro
Металлообработывающая промышленность

Elektrotechnik · Optik

Electrotechnology · Optics
Electrotechnique · Optique
Electrotécnica · Optica
Электротехника и оптика

Energiewirtschaft

Power economy
Energie
Energía
Энергетическое хозяйство

Fahrzeugbau · Gasmotoren

Vehicle construction · Engines
Construction de véhicules · Moteurs
Construcción de vehículos · Motores
Производство транспортных средств

Fertigung

Fabrication
Fabrication
Fabricación
Производство

Funktechnik · Astronomie

Radio engineering · Astronomy
Radiotechnique · Astronomie
Radiotécnica · Astronomía
Радиотехника и астрономия

GPSR Compliance

The European Union's (EU) General Product Safety Regulation (GPSR) is a set of rules that requires consumer products to be safe and our obligations to ensure this.

If you have any concerns about our products, you can contact us on ProductSafety@springernature.com

In case Publisher is established outside the EU, the EU authorized representative is:

Springer Nature Customer Service Center GmbH
Europaplatz 3
69115 Heidelberg, Germany

Batch number: 10584556

Printed by Printforce, the Netherlands